Everyone Can Succeed

人人都能成功

[美] 拿破仑·希尔(Napoleon Hill)◎著

李慧泉◎译

江西美术出版社
JIANGXI FINE ARTS PUBLISHING HOUSE

图书在版编目（CIP）数据

人人都能成功 /（美）拿破仑·希尔（Napoleon Hill）著；李慧泉译 .-- 南昌：江西美术出版社，2017.5（2018.12 重印）
ISBN 978-7-5480-4325-6

Ⅰ.①人… Ⅱ.①拿… ②李… Ⅲ.①成功心理－通俗读物 Ⅳ.① B848.4-49

中国版本图书馆 CIP 数据核字（2017）第 033452 号

出 品 人：周建森
企　　划：北京江美长风文化传播有限公司
策　　划：北京兴盛乐书刊发行有限责任公司
责任编辑：王国栋　楚天顺　李小勇
版式设计：曹　敏
责任印制：谭　勋

人人都能成功

作　　者：（美）拿破仑·希尔
译　　者：李慧泉

出　　版：江西美术出版社
社　　址：南昌市子安路 66 号江美大厦
网　　址：http：//www.jxfinearts.com
电子信箱：jxms@jxfinearts.com
电　　话：010-82293750　　0791-86566124
邮　　编：330025
经　　销：全国新华书店
印　　刷：保定市西城胶印有限公司
版　　次：2017 年 5 月第 1 版
印　　次：2018 年 12 月第 2 次印刷
开　　本：880mm × 1280mm　1/32
印　　张：7
I S B N：978-7-5480-4325-6
定　　价：26.80 元

本书法律顾问：江西豫章律师事务所　晏辉律师

前言
Preface

本书是根据美国成功学大师拿破仑·希尔有关成功人士如何成功的经验，和怎么引导平凡人成功的方法的文章精心汇编而成。拿破仑·希尔被称为“百万富翁的创造者”，他的作品对每一个想成功有梦想的人来说，都具有借鉴意义。

拿破仑·希尔曾于1933年被请进白宫，帮助罗斯福总统主持著名的“炉边谈话”节目，唤醒美国人民从1929年经济大崩溃以来沉睡已久的信心与活力，他的思想、激情、声音注入到每一个美国人的心灵深处，为美国的经济复苏做出了重大贡献，也成为全球的经济复苏引导者。

爱迪生曾这样肯定拿破仑·希尔有关成功学的工作：“我感谢您花了这么长的时间完成‘成功学’……这是一个很健全的哲学，追随您学习的人，将会得到很大的益处。”另一位闻名遐迩的人际学大师卡耐基说：“我一生的最大成就之一，是帮助拿破仑·希尔完成了他的‘成功学’。这比我的财富更重要。他的成功学，是一个‘经济的哲学’。”当然还有许许多多的人十分肯定拿破仑·希尔的成功学，他的成功学早已传遍美国，传播至全世界。每一个渴望成功的人都在读他的书，从他的书中学习成功的秘密，获取信心，汲取力量。

本书选取多个个体成功的案例，通过典型案例解读的方法，发挥成功人士榜样的力量，让每一个读者能够参照榜样，找到解决日常中问题的方法，以及实现梦想的驱动力。

相信任何一个有梦想的人，都希望自己能够像拿破仑·希尔和他所写的成功人士一样，把普普通通的人生故事变成轰轰烈烈的传奇！

实际上任何一个人，都有机会成功；任何一个人，都有办法富有。如果你想知道，致富的机会和方法，就在本书中寻找吧！

目录
Contents

给自己一个成功的理由

想要成功的人为什么不会成功

信念，是一切向上的力量和源泉

人人都能成功的秘诀

给自己一个成功的理由

所有成功人士都知道的一件事情

对于你的批评者，你不必太在意，你不要忘记：人们从来不会为批判者树碑立传的，而被批判的人却常常受到这种礼遇。

目标与计划是取得成功最重要的基础。你只要想象一下，若是处于顶峰的麦金纳和路易斯被新闻记者问及他们是如何取得成功的，那么他们也许会回答说："噢，很简单，我们从前天就开始跑了……"

不，所有成功人士一直很清楚自己想要什么。当然，你不可以因此成为"成功狂想症患者"。对这样的"患者"而言只有成功才是唯一，他认为只有实现了目标自己才会找到幸福。然而实现目标只会带给他一秒钟的幸福，然后就又消失了。也就是说，你必须学会享受奋斗过程中所带来的快乐与幸福，套用一句道家的话，"道即是到。"

每条路都有开始、有方向、有结束。没有目标就没有道路，因此你要通过确立明确的目标来使自己知道：我将去何方！但一定不要抱有这种想法，认为只有在达到目标的时候自己才会幸福。许多人把实现目标看作是人生中最重要的事，而即使他们达到了目标，也无法尽情享受成功的快乐，因为他们又踏上了通往另一个顶峰的征程。

比如，麦金纳确立了目标，要战胜某一座大山。他坚持这个目标，制定了具体的计划，如时间进程表等，最终他实现了目标，取得了成功。这时，他会休整一段时间，开始去各地作演讲报告，接着再好好放松放松，享受成功带来的快乐，然后又开始确定新的远大目标。

你要这样想：你并非在实现目标的时候才会幸福，应该为有机会努力工作以实现下一个目标而感到快乐！如果一个人只是一个接一个地追逐目标，那么尽管在别人眼里他是成功的，但他自己却一点也不会感到幸福。

并非每一个为“免遭解雇而努力工作的人”都热爱自己的工作，恰恰相反，这样的人很可能只是被工作占有了，成了工作的奴隶。他们依赖工作，对工作上瘾了。

首先是有目标，然后你必须在向目标迈进的途中获取幸福。

你愿意当懦夫还是希望闯一闯

自卑如能被超越，便成了我们成功做事的本钱。

只要改变心态，将自卑变为发奋的动力，就能走向成功和卓越。战胜自卑的心态，其实就是战胜那个丧失信心的自我。丧失自信通常可分为两种情形：一种是前面所说的暂时性丧失信心，一种则是从小养成的根深蒂固的自卑感。自卑感并非无法克服，就怕你不去克服。综观世上，许多成功者都是在克服了自己的自卑后走向成功的。他们能，你也能。

譬如，你在与比你强的人相处时总觉得自己矮半截而坐立不安，这便是自卑心理造成的。若不设法克服，这种想法会经常给你带来困扰。

曾经有一位推销员，他在开始从事这份工作之前，也常为自卑感到苦恼。每当他站在某位大人物面前，就会变得局促不安，结结巴巴地不知道在说什么。但最后他终于利用下面的方法克服了这种困难。

他在开始从事推销工作之初，非常胆怯，虽然对方亲切地款待他，但他总觉得站在人家面前自己变得很渺小。他透露当时的心情说："在那些人面前，我觉得自己像个小孩。由于自卑心理作祟，当时我脑袋里一片空白，原已演练多遍的推销辞令变成杂乱无章的喃喃自语。坐在大人物面前，我只觉得自己不断地缩小，他们一个个都变成了可怕的巨人！

“但这种现象我没让它持续下去，因为我警觉到如果不想办法扭转逆势，这种工作再干下去也没什么意思。而且那时候我也快被自卑感逼至崩溃边缘，但我又一想，把大人物看成是穿开裆裤的小娃儿又会是什么情况？

“从我开始有了这种想法，便开始尝试，没想到效果出奇的好。当然，他们并不是真的变成了小孩子，只是在我眼里他们都成了十四五岁的毛头小伙子。不过，事情真的有所转变，他们都像朋友一般，说起话来非常自然。我也一样，自从能站在平等立场与他们交谈之后，我的心情就变得轻松自然多了。从此之后，我的观念就有了180度的大转变，自卑感也不见了！”

自卑是自信的俘虏，当你树立了自信之后，自卑也就自然而然地烟消云散了。你若想建立起自信心，就应该像清扫街道一样，首先将相当于街道最潮湿角落的自卑感清除干净，然后再树立信心，并加以巩固。如果信心得以树立，新的工作机会就会伴随而来。

在树立信心的过程中，首先你应观察自己的自卑感相当于前面所提到的哪一种，找到相似之处，便应马上溯其根源。你发现原来自己的自我主义、胆怯心、忧虑及自认比不上他人的感觉小时候就已存在，而自己和家人、同学、朋友之间的摩擦即为这些否定感觉充塞敏感之心所导致。

若对此能有所了解，你就等于踏出了克服自卑感的第一步。为了证明你不再是孩子，你若能将小时候不愉快的记忆从内心消除，即表示你又向前迈进了一步。

成长需要经历一个过程，在扫除自卑障碍的同时，你不妨将自己的兴趣、嗜好、才能、专长全部列在纸上，这样你就可以清楚地看到自己所拥有的东西。另外，你也可以将做过的事制成一览表。譬如，你会写文章，记下来；你善于谈判，记下来；另外，你会打字，你会弹奏几种乐器，你会修理机器等，你都可以记下来，知道自己会做哪些事，再去和同年龄的人做比较，你便能了解自己的能力有多大。

是什么阻碍了你的幸福与成功

每一次失败的经历都会使你变得更成熟，有所成长。

如果你能从失败中吸取一些教训，那么也意味着你正在接近成功。然后，当你在自己所取得的经验基础上向前迈出最重要的一步，采用新的措施、新的行动方式朝着既定目标努力，那么你就会取得新的、更好的成绩。行动，从结果中汲取经验教训，再重新行动，毫不放弃，直至实现目标——这实在太重要了！

实际上，失败只有两种形式：从不开始、放弃！

如果一个人的骨头断了，可以再生。断骨拼合在一起，重塑自身，一起成长并最终痊愈。人的躯体有着无限的智慧，它不仅使受伤的骨头重新长好，而且对其格外惠顾，实行“特别补偿”，也就是说，重生部位的骨头比以前更结实强壮。那么，我们可以以此作类比：如果你失败了，但能从失败中汲取教训并采取新的对策，那么，你会因为失败而变得更加强壮。这种不畏挫折、不惧失败打击的能力是一种优秀的品质，理应得到别人的尊敬。这种品质不仅对于个人取得成功是最重要的性格特征，而且也是获得幸福生活的重要因素。

我们每个人都可以在明天做成自己今天还不能做的事，都可以在明天成为今天还没有成为的人。因为“无所不能”，所有的一切都是可以习得的。没有人天生就是天才，为了让你自己也成为天才，那么你今天就应该做出决定。

未来不属于懦夫，而属于勇敢者。

既然当一位输家与当一位赢家需要同样多的精力，那么你为什么不立即下决心以胜利者的身份走过一生呢！是什么阻碍了你在生活的所有领域都获得顶尖的成功？是什么阻碍你得到幸福与满足？不管怎样，你都可以在人生的任何一刻做出决定，让自己在一秒钟之内发生变化。

如果在过去的几十年中，你每天早晨都是7点钟起床，那么你不必在以后的几十年也在同样的时刻起床。你可以从现在——就从今天——做出决定，每天早晨早起一刻钟，来读一本书，来听一卷有益的录音带，或者看一盒培训班的录像带。

为了这样一个改变，你所需要做的只是一个非常明确的决定，那么所有那些与此相关的行动就会伴随它而来。为了不让你的过去决定你的未来，你必须首先想清楚一点，你自己才是确定目标的人，你自己才是给你的人生指明方向的人，你自己才是构筑你的梦想，或是压制你的梦想的人。正是你决定了自己是采取积极行动还是消极地等待；你自己才是决定是勇敢地向前看抑或悲惨地向后望的人。是你自己在决定，会遇到的是问题和风险还是机遇与挑战。正是你自己在决定，是把失败看作机遇与经验，还是独自忍受臆想中的失败带来的自我折磨。

你在这个世界上唯一必须向其汇报的人就是你自己。因此，从现在开始你可以停止为以往的错误决定寻找什么借口了。如果你一直重复从前的做法，那么你得到的只会和从前一样。

成功是给能够坚持到最后的人准备的

我们不缺乏远大目标，缺乏的是脚踏实地；我们不缺乏冒险精神，缺乏的是成功的基石；我们不缺乏充沛的体力，缺乏的是毅力和忍耐。因为不知道离成功有多远，我们常常眼看着就要接近终点却又放弃了。

有一个年轻人好不容易得到一份工作，被派到一个海上油田钻井队。首次在海上作业时，领班要求他在限定的时间内，登上几十米高的钻油台上，将一个包装盒子交给最顶层的一名主管。他小心翼翼地拿着盒子，快步登上狭窄的阶梯，将盒子交给主管。主管看也不看，只在盒子上签了个名，然后又叫他马上送回去。他只好又快步地跑下阶梯，将盒子交给领班，领班同样在盒子上面签了个名，又叫他送上去交给主管。他疑惑地看了领班一眼，还是依照指示送了上去。

第二次爬到顶层的他已经气喘如牛，主管仍旧默不作声地在盒子上签了个名，示意他再送下去。他心中开始有些不悦，无奈地转身拿起盒子送下去。他再度将盒子交给领班，领班依旧签了名后又让他再上去一趟，此时他已经有些发火，他瞪着领班，强忍住火气没有发作，抓起盒子生气地往上爬。到达顶层时他已经全身湿透了。他将盒子递给主管，主管头也不抬地说："将盒子打开吧！"此时他再也忍不住满腔怒火，重重地将盒子摔在地上，然后大声地吼道："老子不干了！"

这时主管从位子上站了起来，打开盒子拿出香槟叹了口气对他说："刚才你所做的一切，叫作极限体力训练，因为我们在海上作业，随时可能会遇到突发的状况及危险，因此每一位队员必须具备极强的体力与配合度，来面对各种考验。好不容易前两次你都顺利过关，只差最后一步就可以通过测试了，实在很可惜！看来你是无法享受到自己辛苦带上来的香槟了，现在你可以离开了！"

睡觉、吃饭是我们日复一日的活动，没有谁会对此感到厌烦，但我们却常常对不断重复的工作失去耐心，这是因为我们没有意识到工作也是我们生存的基本条件。简单的重复是对熟能生巧的一种锻炼，只要你在工作中注入了感情，再单调的工作也会充满乐趣，成功是给能够坚持到最后的人准备的。

思想方法正确能让人获得巨大的威力

你最好在心理上做个准备，使自己了解，要成为一个思想方法正确的人，必须具备顽强坚定的性格。思想方法正确，有时会受到某种大量的暂时性惩罚，对于这一事实无须否认，但是，由于思想方法正确所获得的补偿性报酬，整个合计起来，将是如此巨大，因此，你将会很乐意接受这项惩罚。

埃玛·盖茨博士能够把这个世界变成更理想的生活所在，全靠创造性的思考。盖茨博士是美国的大教育家、哲学家、心理学家、科学家和发明家，他一生中在各种艺术和科学上做了许多发明，有许多发现。盖茨博士的个人生活证实他锻炼脑力和体力的方法可以培养健康的身体并促进心智的灵活。

拿破仑·希尔曾带着介绍信前往盖茨博士的实验室去见他。当希尔到达时，盖茨博士的秘书告诉他说："很抱歉……这时候我不能打扰盖茨博士。"

"要过多久才能见到他呢？"希尔问。

"我不知道，恐怕要3小时。"她回答。

"请你告诉我为什么不能打扰他，好吗？"

她迟疑了一下然后说："他正在静坐冥想。"

希尔忍不住笑了："那是什么意思啊——静坐冥想？"

她笑了一下说："最好还是请盖茨博士自己来解释吧。我真的不知道要多久，如果你愿意等，我们很欢迎；如果你想以后再来，我可以留意，看看能不能帮你约一个时间。"

希尔决定等下去，这个决定真值得。下面是希尔所说的事情经过：

当盖茨博士终于走进房间里时，他的秘书给我们介绍，我开玩笑地把他秘书所说的话告诉他，在他看过介绍信以后高兴地说："你想不想看看我静坐冥想的地方，并且了解我怎么做吗？"于是他领我到了一个隔音的房间，这个房间里唯一的家具是一张简朴的桌子和一把椅子，桌子上放着几本白纸簿，几支铅笔以及一个可以开关电灯的按钮。

在谈话中，盖茨博士说他遇到困难而百思不解时，就走到这个房间来，关上房门坐下，熄灭灯光，让全副心思进入深沉的集中状态。他就这样运用"集中注意力"的方法，要求自己的潜意识给他一个解答，不论什么都可以。有时候，灵感似乎迟迟不来；有时候似乎一下子就涌进他的脑海；更有些时候，至少得花上两小时那么长的时间才出现。等到念头开始澄明清晰起来，他立即开灯把它记下。"

埃玛·盖茨博士曾经把别的发明家努力过却没有成功的发明重新研究使它尽善尽美，因而获得了200多种专利权。他就是能够加上那些欠缺的部分——另外的一点东西。

盖茨博士特别安排时间来集中心神思索寻找另外一点。“另外一点”他很清楚自己要什么，并立即采取行动。因而他获得了成功。

由此看来，正确的思考方法具有巨大的威力。那么怎样才能养成正确的思考方法呢?

拿破仑·希尔告诉我们，首先要培养注意重点的习惯；其次要看清事实，尊重真理；正确评价自己和他人；另外还要善于投资，要有建设性的思想。

想要有什么样的成就，就得先有什么样的梦想

你输了，不是输给了别人，而是输给了自己。

美国《运动画刊》上登载了一幅漫画，画面是一名拳击手累瘫在练习场上，标题为《最难击败的对手竟是自己》。这个标题实在耐人寻味。

一个成绩优秀的青年去报考一家大公司，结果名落孙山。青年得知这一消息后，深感绝望，顿生轻生之念，幸亏抢救及时，自杀未成。不久传来消息，他的考试成绩名列榜首，是统计考分时电脑出了差错，他被公司录用了。但很快又传来消息，说他被公司解聘了，理由是：一个人连如此小小的打击都承受不起，又怎么能在今后的岗位上建功立业呢?

这个青年虽然在考分上击败了其他对手，却没有打败自己心理上的敌人。他的心理敌人就是惧怕失败，对自己缺乏信心，一遇到事情便给自己制造心理上的紧张和压力。

下面同样是一个令人难忘的真实故事。

主人公是一个小男孩，生长于旧金山的贫民区里，从小因为营养不良而患有软骨症，在6岁时双腿变成“O”字形，小腿更是严重萎缩。然而，在他幼小的心灵中一直藏着一个除了他自

己，没人相信会实现的梦——那就是有一天他要成为美式橄榄球的全能球员。

他是传奇人物吉姆·布朗的球迷，每当吉姆所在的克里夫兰布朗斯队与旧金山四九人队在旧金山比赛时，这个男孩便不顾双腿的不便，一跛一跛地到球场去为心中的偶像加油。由于他穷得买不起票，所以只有等到全场比赛快结束时，才能从工作人员打开的大门溜进去，欣赏最后剩下的几分钟。

13岁时，这个小男孩在一家冰淇淋店里终于有机会与心中的偶像面对面接触，那是他多年来最期望的一刻。他大大方方地走到这位大明星的跟前，朗声说道："布朗先生，我是你最忠实的球迷！"吉姆·布朗和气地向他说了声"谢谢"。

这个小男孩接着又说："布朗先生，您知道一件事吗？"

吉姆转过头来问道："小朋友，请问是什么事啊？"

男孩神情自若地说："我记得你创下的每一项纪录，每一次的布阵。"

吉姆·布朗十分开心地笑了，然后夸他："真不简单。"

这时，小男孩挺了挺胸膛，眼睛闪烁着光芒，充满自信地说道："布朗先生，有一天我要打破你创下的每一项纪录！"

听完小男孩的话，布朗——这位美式橄榄球明星，微笑着对他说道："好大的口气。孩子，你叫什么名字？"

小男孩得意地笑了，说："布朗先生，我的名字叫奥伦索·辛普森，大家都管我叫O. J.。"

我们会成为什么样的人，会有什么样的成就，就在于先做什么样的梦。奥伦索·辛普森日后的确如他少年时所说的那样，在美式橄榄球场上打破了吉姆·布朗创下的所有纪录，同时也创下了一些新的纪录。

两个故事，两种人生。出类拔萃的青年才俊，输给了自己内心的怯懦；从小患有软骨症的小男孩，却成为了优秀的美式橄榄球明星。是什么决定了两者截然不同的命运？是因为前者对自己充满怀疑，不敢面对人生路上的任何风雨；后者却意志坚定，紧紧将命运握在自己的手里。“我们会成为什么样的人，会有什么样的成就，就在于先做什么样的梦。”请大家牢牢记住文中的两个故事，牢牢记住上面引用的那句掷地有声的真理！

挑战自我，成就不一般的人生！

狭隘的人永远没有机会进步

开放的心自由自在。如果你的心过于封闭，不能接纳别人与新的观念，就等于锁上了一扇门，禁锢了你的心灵。

褊狭是一把利刃，切断许多机会及沟通的管道。要打开你的心，让想象力自由翱翔，培养丰富的创造力。

100年前，莱特兄弟尝试飞行时，受到旁人的嘲笑。不久之后，有人成功地飞越大西洋。到现在，如果有人预言人类将移民到月球上，很少人会怀疑它的可行性。故步自封的人反而会受人轻视。

封闭的心像一潭死水，永远没有机会进步。

拥有开放的心，你才能对自己的信念坚定不移，坚信没有做不到的事情。思想开朗的人，在各行各业都有杰出的表现，而故步自封的愚者仍然高声喊着“不可能！”

你应该善用自己的能力。你是否常说“我会”及“我做得到”，或者只会说“没办法”，而在此时别人已经做到了。

你只有对自己、对你的伙伴及造物者、对整个宇宙都有信心，才能拥有开放的心。

迷信的时代已经过去了，但偏见的阴影依然笼罩着这个世界。好好检讨你的个性，就能够拨云见日。你的决定是否理性并合乎逻辑，而不会受到情绪及偏见的影响？对于别人的言论，你是否能专注地倾听及思考？你是否会去求证事实，不相信道听途说及谣言？

人类的心必须不断地接受新的想法及刺激，否则就会枯萎。战争中将军常用洗脑的方式，改造敌人的思想。如果想彻底孤立一个人，就要切断书籍、报纸、收音机、电视等所有外界的资讯来源。在此种情况下，智慧因为缺乏营养而死亡，能使一个人的意志力迅速崩溃。

你是否把自己的心关在社会及文化的集中营内？你是否阻碍了所有成功的思想，对自己进行洗脑？若是如此，现在是扫除偏见的时候了。

感恩，让你的未来和现在不一样

一位成功人士曾说："是一种感恩的心改变了我的人生。当我清楚地意识到我无任何权利要求别人时，我对周围的点滴关怀都满怀强烈的感恩之情。我竭力回报他们，我竭力想让他们快乐。结果，我不仅工作得更加愉快，所获帮助也更多，工作更出色。我很快地获得了在公司加薪升职的机会。"

每一份工作或每一个工作环境都无法尽善尽美。但每一份工作中都存有自我成长的喜悦。如果你每天都满怀一颗感恩的心，在生活中始终牢记"拥有一份帮助，就要懂得感恩"的道理，你一定会收获许多。

在生活中不管做任何事，都要把自己的心态回归到零：把自己放空，抱着学习的态度，将每一次都视为一个新的开始，是一次新的经验，不要计较一时的待遇得失。一旦拥有健康的心态之后，不论做任何事都能心甘情愿、全力以赴，当机会来临时也才会顺水推舟如鱼得水。千万不要觉得食之无味，弃之可惜，结果做得心不甘情不愿，心存怨恨。

带着一种从容坦然、喜悦的感恩心去工作和生活吧，你会获取最大的快乐。

一份感恩的心情基于一种深刻的认识：国家为你提供一个和平幸福的国度，公司为你提供了一个广阔的发展空间和施展才华的舞台，父母给你来到这个世界成长和竞争的机会。你对这一切，都要心存感激，并力图回报。

你要承担起感恩父母养育你的责任。你要喜爱公司赋予你的工作，全心全意、不留余地为公司增加效益，完成公司分派给你的任务。同时注重提高效率，多替公司的发展规划构思设想。

你必须一切从大局出发。当你遭遇到不公平待遇时，请相信这只是组织的暂时失误，或是组织对你的检测和考验。当组织中某些制度和你的基本利益冲突时，你一定要正确理解这一切，充分相信公司的“智能”和“眼光”。甚至在组织面临暂时的经济困难时，你也要想办法帮助公司渡过难关，而不是懦夫般地弃它而去。

家人同事和朋友是你生命舞台中的一员，是社会的基本组成要素，你对他们的宽容和爱心也体现出你对生活的热爱。何况，他们都是你生命中的贵人，是助你成功最坚实的力量，对于他们的点滴帮助，你要学会说“谢谢”。没有他们，你将孤独无助一生。

有了付出，必有回报。当你满怀感激，忠心地为这一切承担责任努力工作时，你的未来就会和现在不一样。

化不满为灵感，拿破仑·希尔的快乐成功法则

拿破仑·希尔在讲述“快乐成功之道”的课堂上，谈到把热情带入工作中的原则。这时，一位坐在教室后面的年轻小姐站起来说：“你说的那些对一个有工作的男人也许不错，可对于家庭主妇却没有用。男人每天都会遇到新奇有趣的挑战，家庭主妇却不同，家务事实在太单调了。”

这对拿破仑·希尔来说也是一个挑战——许多人的工作都很“单调”。如果他有办法帮助这位年轻小姐，也就可以帮助到别的自认为工作是例行公事的人了。于是拿破仑·希尔问这位小姐，是什么令她感到做家务这么单调。她说：“床单才铺好，马上又弄脏了；碗盘刚刷好，立刻又用脏了；地板才拖好，片刻又踩脏了。做这些琐事的目的，似乎只是为了再次弄乱而已。”

“看起来倒真是令人泄气呢！”拿破仑·希尔也很同意。“那么，有没有喜欢做家务事的女性呢？”

“哦，大概有吧。”这位小姐说。

“那么她们从中发现了什么乐趣，以至于如此兴致勃勃呢？”

这位小姐想了一会儿说：“也许是她们的态度吧。她们并

不觉得自己的工作很呆板，她们好像看得出例行公事以外的东西。”

这就是问题的关键所在了。获得工作乐趣的秘诀之一，即“从工作中看到例行公事以外的东西”。人人都知道自己的工作“朝一个目标而去”。因此，无论你是家庭主妇还是档案管理员，是加油站的服务员还是公司的大老板，情形都一样——即：只有当你把例行琐事看成通往目标的踏脚石时，才能在工作中获得真正的满足。

因此，拿破仑·希尔让这位小姐先设置一个自己真正喜欢的目标。于是，这位小姐谈到她想和家人一起去环球旅行。

“好啊，”老师说：“现在你订一个限期，你想要什么时候动身呢？”

“等宝宝12岁时吧，”这位小姐说，“还要再过6年。”

“好，这可得好好准备。你需要存钱，你得有个旅游计划，研究你想去的国家……那么，”老师微笑着说：“从今天起，你能不能想个办法使铺床、洗碗、擦地、煮饭这些琐事变为你通向目标的踏脚石呢？”

几个月后，故事中的女主角回来看我们。在她走进来的一刹那，拿破仑·希尔立刻感觉出这是一个自信又自豪的女士。

“太不可思议了。”这位小姐告诉拿破仑·希尔，“这个办法太好了！我还找不出哪一件琐事是不能适用的。我把大扫除的时间用来思考和计划；买东西时则努力扩展眼界——我尽量买些外国食品，那些我们在旅途上要吃的食物；我还利用吃饭时间上课。比方要吃中国面，我就阅读中国风土人情的资料，然后吃晚饭时向全家人报告。现在，我做家务时再也不像以前感觉那么单调了，相信以后也不会了。这真是要感谢你们的‘踏脚石理论’。”

不论工作有多单调、多累人，如果能够在它的尽头看到自己的目标，这项工作便能给我们带来满足。不过，有时某项工作也许需要付出极大的代价才能达成。假使你的工作正是如此，倒不如换一个，因为对工作的厌倦会渗透到生活中的每一个角落。

破茧而出，才能变成一只美丽的蝴蝶

人生中，权力、金钱、名声有如一条条锁链，左右着人的思想和行为。其实如果越过雷池，更有无限风光。只有把脐带剪断，新生命才会真正诞生。

有一个登山者，一心一意想要登上世界第一高峰。在经过多年的准备之后，他开始了征服的旅程。但是，由于他希望完全由自己独得全部的荣耀，所以他决定独自出发。他开始向上攀爬。天已经很晚了，他非但没有停下来准备帐篷露营，反而继续向上攀登，直到四周变得非常黑暗。

这时到处黑漆漆一片，登山者什么都看不见。即使这样，登山者还是继续向上攀爬着。就在离山顶只剩下几米的地方，他滑倒了，并且迅速地跌了下去。跌落的过程中，他仅仅能看见一些黑色的阴影，仅仅能感受到一种被地球引力吸引而快速向下坠落的恐怖。

他不断地下坠着。就在这极其恐怖的时刻里，他的一生，不论好与坏，都一幕幕地呈现在他的脑海中。当他一心一意地想着，死亡正快速地接近他的时候，突然间，他感到系在腰间的绳子，重重地拉住了他。他整个人被吊在半空中，而那根绳子是唯一拉住他的东西。

在这种上不着天，下不着地，求助无门的境况中，他毫无办法，只好大声呼叫："上帝啊！快来救救我！"

突然间，从天上传来了低沉的声音：

"你要我做什么？"

"上帝！快来救救我！"

"你真的相信我可以救你吗？"

"我当然相信！"

"那就割断系在你腰间的绳子。"

在短暂的寂静之后，登山者决定继续全力抓住那根救命的绳子。

第二天，搜救队找到了登山者的遗体——已经冻得很僵硬，他的尸体挂在了一根绳子上。

他的手也紧紧地抓着那根绳子……在距离地面仅仅1米的地方。

当你在不断地编织各种关系网的时候，你是否想过：这些网会把你围在中央，密不透风，你就会变成茧中的幼虫——这就是人们常说的作茧自缚。

你只有鼓足勇气，破茧而出，才能变成一只美丽的蝴蝶。

你将成为什么样的人，全由你自己创作

人无完人，你就是你自己。无论是做大事还是处理日常生活中的小事都必须有真正的自我。

有一位漂亮的公主，从小被巫婆关在一座高塔里。巫婆每天对她说："你的样子丑极了，见到你的人都会害怕。"公主相信了巫婆的话，怕被别人嘲笑，而不敢逃走。直到有一天，一位王子经过塔下，赞叹公主貌美如仙并救出了她。

实际上，囚禁公主的并不是什么高塔，也不是什么巫婆，而是公主认为"自己很丑"的错误认识。我们或许也正被他人所蒙蔽。比如，父母、老师说你笨，没有前途，你也就相信了，自卑了。这不正如那位公主一样蠢吗？

有人认为得了不治之症是人生最大的悲剧，也有人认为没考上大学是人生最大的不幸。其实，我们最大的悲剧与不幸，在于我们活着却不知自己有多大的潜能和应该做什么，不懂得用自己的方法处理自己的问题，而却很容易人云亦云。

认清自己，就知道自己适合做什么，不适合做什么，长处是什么，短处是什么，从而做到自知，在社会中找到自己恰当的位置和符合自己条件的办事方式，使自己的天赋、能力得到充分的

开发和利用。

卓别林开始拍电影时，导演坚持要他去学当时非常有名的一位德国喜剧电影演员的风格。卓别林久久尝不到成功的滋味，非常苦恼。后来他意识到，必须保持自己的本色。经过不懈的努力，他终于创造出一套自己的表演方法，名垂青史。美国歌星金·奥特雷刚出道时，极力想改掉他得州的乡音，使自己像个城里的绅士，结果却受到大家的耻笑。后来，金·奥特雷终于醒悟过来，开始利用自己的音色唱西部歌曲，终于一举成名。索凡石油公司人事部经理迈克尔曾接待过6万多个求职者，在他的《谋职的六种方法》一书中，他指出：来求职的人所犯的最大错误就是不保持本色。他们不以真面目示人，不能完全坦诚地回答你的问题。可是这种做法一点用都没有。因为没有人愿意要伪君子，正如没有人愿意收假钞票一样。

在美国一所学校的一间教室的墙上，刻着这样一句话："在这个世界上，你是独一无二的。生下来你是什么？这是上帝给你的礼物；你将成为什么？这是你给上帝的礼物。"

"上帝"给你的礼物我们无法选择，你给"上帝"的礼物——你将成为什么样的人，却全由你自己创作，主动权在你自己手里。只要我们懂得认识自我，接纳自我，坚持自我，并不断地激励自我，控制自我，我们就能完善自我，超越自我！

很多人并不缺乏机会和才华，但却因缺少对自己的认识和对自己的坚持，而与成功失之交臂。意大利著名的皮衣商安东尼·迪比奥在谈到成功的经验时不无感慨地说："我并不是一个天生的成功者，许多人都比我更聪明、更有才华。我唯一比他们强的只不过是我更懂得坚持自己而已。"

在这个世界上，每个人都可以获得成功，但不同人的成功方法显然是不一样的。只有认识自我、驾驭自我、超越自我，你才能战无不胜，从平庸走向成功！

忘掉宿命论，命中注定的事都是借口中诞生的事

相信，你就能看见。世界上第一名的畅销书《圣经》这样说。

一个球员如果不相信他的球队完全能够获胜，事实上他就已经输掉了这场比赛；一个医生如果不相信他的病人能够被获救，事实上这个病人已经死定了；推销员如果不相信自己推销的产品，那他的产品就永远都卖不出去。

相信你自己，你就会变得豁达阳光充满智慧；相信你的公司、你的主管、你的同事、你的工作，你就能卓越成长；相信你的恋人，你就会拥有健康的爱情；相信信念与宽容，你就能创造每一个生命中的奇迹。

一个人能否取得优异的成绩最重要的因素不是运气——一个人的运气不可能永远都很好；也不是背景——比尔·盖茨、杰克·韦尔奇、李嘉诚他们任何一个人都没有什么背景；也不是机遇——事实上再倒霉透顶的人一生中也会遇到几次绝好的机会；当然也不是能力——世界上到处都是有才能的穷人；不是贵人相助——有些像阿斗那样的人靠扶是永远都扶不起来的；更不是命中注定——通常人们出生时的区别只是男和女，但死的时候却不

尽相同。

那究竟是什么呢？两个字：相信。

相信，你就能看见。相信并不能保证一定会赢，但不相信却一定会输。一旦相信成为了你内心的主宰，力量就会随之而来，这时的相信便成了信念，一种真正的精神动力：

“我们一定能赢，我们一定会赢！”

“有我在，手术一定会取得圆满成功！”

“我推销的产品绝对是一流的，我是顶尖的客户顾问，客户一定会喜欢我！”

“我对我们的团队信心百倍，我坚信我们永远都是No.1！”

“我喜欢和热爱我的工作，我能做得非常出色！”

“我对自己信心百倍，没有什么可以阻挡我！”

很多人只是在看见了以后才相信，而真正的冠军通常在看见以前就百分之百相信，他们在失败后对自己的目标仍然坚信无比。

有了强大的信念，你就会发现自己的运气会越来越好——正所谓天助自助者。

没有背景有什么关系——优秀的人通常都是可以创造后天背景的人。

机遇总是有些势利——它们总是青睐那些有信念的人。

能力是信念的产物——在信念的带动下，你的能力会发挥得淋漓尽致。

你生命中的贵人层出不穷——而且，你也有可能是别人生命中的贵人。

忘掉宿命论吧——命中注定的事都是借口中诞生的事。

切记，怀疑也是一种相信，它是另一种相信的开始。如果你对身边的一切还不太肯定，那要恭喜你，因为只要你愿意去求证它们，你很快就会惊讶地发现，快速成长中的你就是一个命中注定的胜利者。

想要成功的人为什么不会成功

想要成功的人为什么不会成功

有人说："我想戒烟。"

你立刻问他："是想要，还是一定要戒烟？"

他说："我想很久了，确实还没戒掉。"

你立刻问他："那你到底什么时候要戒？"

他说："我现在就要戒，而且一定要。"

结果这个人戒烟成功了。

大部分的人经常说，我想要改变，我想要成功。这是改变不了，也成功不了的。不相信你去问任何一个人："想不想成功？"他都会告诉你："想。"你再问他："想多久了？"他都会告诉你："天天在想，想好几十年了。"

光想，为什么没用呢？因为他只是想，并不是一定要，想要和一定要是不一样的，只有一定要的人才会成功。

还有很多人说，"我认为我应该改变了"，这也是没有效果的，因为应该做的事通常都不会去做，只有必须做的事你才会去做。不要告诉自己应该做到，要告诉自己必须做到。

很多人在办事的时候，你问他："能不能达成任务？"他总是说："我争取吧！"当你听到这句话，你就会觉得他肯定做不到，因为这是非常没有信心与决心的表现。

从今以后，千万不要讲“争取”这两个字，要讲“全力以赴”，才会帮你真正全力以赴，而不只是争取而已。

还有更多的人喜欢讲“我尽量吧！”这话其实是在告诉别人：“我不一定做得到”。从今以后不要讲“尽量”这两个字，因为它不会帮你成功，要讲“绝对要”，这才会帮你达成目标。

还有很多人喜欢讲：“我试试看吧！”或者是“我希望能……”“差不多吧！”“也许行吧！”从今以后把这些话全部都得从你的心里消失，要讲：“我一定要！”“我肯定要！”“我绝对要！”“我必须要！”

如何建立积极的财富态度

生活的根本不在于谁先抓了好牌，而在于谁先能把手中的坏牌打好。态度消极的人，对于任何问题或阻碍都会束手无策。积极的人不仅会想方设法克服阻碍，而且能将它们变成成功路上的垫脚石。

路易斯安那州有一大片土地待价而沽。只有两个人参加投标。第一个人是拥有毗邻土地的地主。他开价很低，因为那里大部分都是竹林，降低了土地的价值。另外一个人却出了两倍高的价钱，他买到土地之后，把竹子锯掉制成钓竿出售，收入足以支付土地的价款！

积极的态度能招来成功的机会，而消极的心态却把机会赶走了。

伍渥斯本来只是一家五金行的店员。每年盘点存货时，都发现店里囤积了许多早已过时，甚至无法再使用的货品，金额高达数千美元。

“我们举办一次大拍卖，”他向店主建议，“把旧的货品都卖掉。”

店主拒绝了他的提议，但是伍渥斯并不死心，他极力说服店主，最后店主只同意他试卖一些非常旧的存货。

他们在店里摆了一个长桌子，放在上面的每一种东西，标价都是十分钱。东西很快就卖光了，店主让伍渥斯进行第二次拍卖，仍然抢购一空。

然后他向店主提议，两人合伙开一家五金行，所有的东西都只卖五分钱或十分钱。由店主出资，伍渥斯负责经营管理。

“不行！”店主吼道，“这项计划绝对行不通，因为你找不到那么多只卖五分钱或十分钱的东西。”

伍渥斯自己开店，赚了不少钱。他开始用自己的名字，经营大型的连锁店。几年以来，谈到这件事情，伍渥斯的旧东家悔不当初地说：“我算一算，当时我对伍渥斯所说的那些话，每一个字大约使我损失100万美元。”

态度消极的人有很多相关的特质。恐惧、优柔寡断、怀疑、做事拖拖拉拉、脾气暴躁，它们使别人敬而远之，失去许多有利的机会。积极的人则充满信心、热诚、激发个人的原动力、能够自律、想象力丰富，并且坚持目标，使人乐于亲近与合作，他们总会得到许多有利的机会。

如何建立积极的态度？当你思考或进行每一项计划或目的时，都要相信自己“做得到”，拒绝接受“做不到”的说法。

如何让自己的收入倍增

如何让你的收入加倍？

克莱门特·斯通到亚太地区出差。一个星期二，斯通应澳洲墨尔本商会的邀请发表演说。星期四晚上，他接到一通电话。那是一家销售金属柜的公司经理爱德温·伊斯特。他兴奋地说：“发生一件奇妙的事情！”

“什么事？”

“你在星期二的演讲当中，推荐了十本励志书籍，其中包括《思考与致富》。那天晚上我看了那本书，第二天早上我又看了很多遍。我在一张纸上写着：

“我的主要目标是，今年的业绩比去年加倍。奇妙的事情是，我在48小时内做到了。”

“你是怎么做到的？”

伊斯特回答：“你的励志演讲中提到保险公司业务员亚尔·艾伦的故事。你说，立刻去做！我找出十个已经被放弃的客户，分别提出更好的计划书。复诵数次‘立刻去做’。用积极的态度再度拜访这十位客户。结果，做成八笔大生意！”

伊斯特听过亚尔的故事之后，立刻身体力行。如果你还不知道如何运用积极的态度，我们提醒你——立刻去做！

立即行动，可以实现你最大的梦想！

曼利·史威兹喜欢打猎和钓鱼。他最大的快乐是带着钓竿和来复枪深入森林，几天之后才带着一身的疲惫和泥泞，心满意足地回来。

他唯一的困扰是，这项嗜好占去太多时间。有一天，他依依不舍地离开宿营的湖边，回到现实的保险业务工作时，突然有一个想法。荒野之中，也有人需要购买保险。如此，他外出狩猎时，也一样可以工作！果然，阿拉斯加铁路公司的员工正是如此；散居在铁路沿线的猎人、矿工都是他的潜在客户。

他立刻做好计划，搭船前往阿拉斯加。他沿着铁路来回数次，“步行的曼利”是那些与世隔绝的人们对他的昵称。他受到热切的欢迎，他不但是唯一和他们接触的保险业务员，更是外面世界的象征。除此之外，他还免费教他们理发和烹饪，经常受邀成为座上宾，享受佳肴。他在短短一年内，业绩突破百万美元，同时享受登山、打猎、钓鱼的无上乐趣，把工作和生活做到了最完美的结合！

如果他在梦想产生时，没有立刻行动，可能因为一再犹豫，无疾而终。

立刻去做，可以应用在人生的每一个阶段。给自己一封信。坐下来写一封信给你自己，说一说你想做的事情和计划。立刻去做！

只要你多迈出一步，你离成功就更近一步。

不论你现在如何，用积极的心去行动，你都能达到理想的境地。

人生的远行应该怎样准备才算圆满

拿破仑·希尔说："没有人能够达成他想达成的目标以上的事。"

换句话说，没有任何目标，你就永远是社会的可怜虫，只能潦草终其一生。

在一生中，你打算做什么事？你打算最后成为怎样的人？你需要做些什么，才能满足自己的愿望？就在今天下班后，详细计划一下你的人生梦想吧。

要想完美地绘制自己的人生蓝图，你就要制定至少从现在到十年后的详细计划指南。

首先，在工作方面，你希望获得多少收入，你希望晋升到怎样的职位，你希望获得多大的权限，你希望从工作中获得怎样的名声呢？赶快把它们记下来。

其次，在家庭方面，你希望拥有怎样的生活水准，你希望住上怎样的房子，你希望孩子们受到什么程度的教育？把这些问题回答清楚。

最后，在社会方面，你希望拥有什么样的朋友，希望融入什么样的社交圈，希望拥有什么样的嗜好？立刻在心里告诉自己。

当你描绘出以上这些未来远景时，千万不要担心它会成为“空梦一场”。要知道，心有多大，舞台就有多大。如果你想在人生中获得极大的成就，你就得拥有非凡的梦想。

按照上面提出的问题，把自己的梦想用书面形式记下来，做份梦想计划书。将梦想写下来是非常必要的——如果你不能时刻感觉它清晰明确的存在，计划的设定将会失去意义。

最好在计划梦想的时候，同时把实现的期限和衡量的指标也明确地制定出来，坚决不允许拖沓。你的计划必须具体而且可以衡量。含糊笼统的目标很难当作行动指南，而且会把我们带到以前的状态——枯燥、疲惫和厌倦。假如我们想要将自己的业绩提高，就要写到底要提高到什么程度。只有这样，才有可能将自己的梦想变成可以衡量的阶段性小目标，不断为自己出点儿难题，使工作在流程或者实际难度上变得与以往不同。

梦想计划还必须要切合实际，同时使它成为我们愿意追求的与我们所能够追求的对象——事实上，一种不是轻易能够达成的梦想，对追求者才具有真正的挑战性。

在强调个人梦想的同时，不要忘了职业生涯的每一次积累和成功，又都是从公司提供的经验和环境中发展出来的。许多人一旦离开他曾工作的公司，离开由公司提供的平台，没有了聚光灯的照射和一定的高度，观众看不到角色，角色的魅力就不复存在了。所以，只有在与公司的互动互信中，双方才都能成为赢家——个人看到了企业中存在的机会，公司体会到个人的发展意愿和能力潜质。

当你写下你梦想的计划时，新生命的风帆即将开始远航——记住，这是你一个人的梦想，梦想是你专门为自己设定的。你已经从一种更高的视角重新审视自己的工作，你已从中发现自己神圣而伟大的使命，不仅仅是为他人服务的目标。然后，举起自己的右手，告诉自己，我是创造世界的人——就在那一刻，你的承诺将引领你与成功人士在一起努力，你的能量在今后的生命中也会越来越大。

普普通通的推销员如何把产品卖给总统

美国一位名叫乔治·赫伯特的推销员成功地把一把斧子推销给了小布什总统。

布鲁金斯学会得知这一消息，把一只刻有“最伟大的推销员”的金靴子赠予了乔治。

这是自1975年以来，该学会的一名学员成功地把微型录音机卖给了尼克松后，又一学员获得此项殊荣。

布鲁金斯学会始创于1927年，以培养世界上最杰出的推销员闻名于世。

它有一个传统：在每期学员毕业时，都设计一道最能体现推销员能力的实习题，让学生独自去完成。

克林顿当政期间，他们别出心裁地出了这么一道题目：请把一条三角裤推销给克林顿总统。

8年间，有无数个学员为此绞尽脑汁，最后都无功而返。

克林顿卸任后，布鲁金斯学会把题目换成：请将一把斧子推销给小布什总统。

鉴于前8年的失败与教训，许多学员知难而退。

有些学员甚至认为，这道毕业实习题会和克林顿当政时的那道毕业实习题一样，无人能够完成，因为小布什什么都不缺，即使缺什么，也用不着他亲自购买，也不一定正赶上你去推销的时候。

然而，乔治·赫伯特却做到了，并且没有花多少工夫。

一位记者在采访他时，他是这样说的："我认为，第一，把斧子推销给小布什总统是完全可能的，因为小布什总统在得克萨斯州有一座农场，那里长着许多树。于是我给他写了一封信，说：'有一次，我有幸参观您的农场，发现那里长着许多橘树，有些已经死掉，木质已变得松软。我想，您一定需要一把小斧头，但是从您现在的体质来看，这种小斧头显然太轻，因此您需要的是一把不甚锋利的老斧头。现在我这儿正好有一把这样的斧头，它是我祖父留给我的，很适合砍伐橘树。倘若您有兴趣的话，请按这封信所留的信箱给予回复……'最后他就给我汇来了15美元。"

乔治·赫伯特成功后，布鲁金斯学会表彰他的时候说："金靴子奖已设置了26年。26年间，布鲁金斯学会培养了数以万计的推销员，造就了数以百计的百万富翁，这只金靴子之所以没有授予他们，是因为我们一直想寻找这么一个人——这个人从不因有人说某一目标不能实现而放弃，从不因某种事情难以办到而失去自信。"

乔治·赫伯特的故事在世界各大网站公布之后，一些读者纷纷搜索布鲁金斯学会的网站，他们发现在该学会的网页上贴着这样一句格言："不是因为有些事情难以做到，我们才失去自信；而是因为我们失去了自信，有些事情才显得难以做到。"

“想象力”在成功学中具有难以抗拒的魔力

如果你正确使用你的想象力，它将协助你把失败与错误改变成价值非凡的资产，也将引导你去发现一项只有使用想象力的人才能知晓的真理，那就是，生活中的最大逆境和不幸反而会带来美好的机会。

美国最好的一位雕刻师，以前是位邮差。有一天，他搭上一辆电车，不幸发生车祸，使他的一条腿因此被锯掉。电车公司付给他5000美元，赔偿他的损失。他拿了这笔钱上学，终于成为一名雕刻师。他双手制成的产品，加上他的想象力，比他利用他的双脚当一名邮差所能赚到的钱更多。由于电车发生车祸，他必须改变他的努力目标，结果他发现了自己原来也具有想象力。由于神经系统无法区分生动的想象出来的经验和实际的经验，心理的图像便给我们提供一个实践机会，把新的优点和方法“付诸实践”。想象为我们获得技巧、成功和幸福开拓了一条新途径。

如果我们正想象自己以某种方式行事，几乎也就是实际上在这么干，想象给我们提供的实践可以帮助这种行为臻于完美。通过一个人为控制的实验，心理学家一再证明：让一个人每天坐在靶子前面想象着他对靶子投镖，经过一段时间后，这种心理练习几乎和实际投镖练习一样能提高准确性。

《每年如何推销两万五》一书中，讲到底特律的一群推销员利用一种新方法使推销额增加了100%，纽约的另一群推销员增加了150%，其他一些推销员使用同样的方法则使他们的推销额增加了400%。推销员们使用的魔法其实就是所谓的角色扮演。其具体做法是，想象自己处于各种不同的销售情况，然后再找出方法，直至在出现各种实际销售情况时知道自己该说些什么、该做些什么为止。取得好成就，就不足为奇了。这样，他们越来越善于处理各种不同的情况。一些卓有成效的推销员，通过想象力和实际操作深刻地得出了以下的体会：

"每次你同顾客谈话时，他说的话、提的问题或反对意见，都是一种特定的情况。如果你总是能估计他要说些什么，并能迅速回答他的问题、妥善处理他的反对意见，你就能把货物推销出去。"

"一个成功的推销员晚间一人独处时，也会制造这种情境。他会想象出客户对他最刁难的情况，然后想出相应的对策……"

"不管是什么情况，你都可以预先有所准备，你想象自己和顾客面对面地站着，他提出反对意见，给你出各种难题，而你却能迅速而圆满地加以解决。"

自古以来，许多成功者都曾自觉或不自觉地运用了"正确想象"和"排练实践"来完善自我，获得成功。拿破仑在带兵横扫欧洲之前，曾经在内心想象中"演习"了多年的军事，韦伯和摩尔根在《充分利用人生》一书中告诉我们，“拿破仑在上学时候所做的阅读笔记，在付印时竟达满满400页之多。他把自己想象成一个司令，画出科西嘉岛的地图，经过精确的数学计算后，标出他可能布防的各种情况。”

这真是奇妙之极！难怪人们过去总是将“想象”与“魔术”联系起来，“想象力”在成功学中，确实具有难以抗拒的魔力。

善用信息让小职员变大富翁

日本一家公司的小职员，平时工作是为老板干一些文书工作，跑跑腿，整理整理报刊材料。这份工作很辛苦，薪水又不高，他时刻琢磨着想个办法赚大钱。

有一天，他经手的报纸上有这样一条介绍美国商店情况的专题报道，其中有一段提到了自动售货机。报纸上面写道：

“现在美国各地都大量采集自动售货机来销售货品。这种售货机不需要雇人看守，一天24小时可随时供应商品，而且在任何地方都可以营业，给人们带来了许多方便。可以预料，随着时代的进步，这种新的售货方法会越来越普及，必将被广大的商业企业所采用，消费者也会很快地接受这种方式，前途一片光明。”

这位职员开始在这上面动脑筋，他想：

“日本现在还没有一家公司经营这个项目，可将来必然会迈入一个自动售货的时代。这项生意对于没有什么本钱的人最合适。我何不趁此机会去钻这个冷门，经营此种新行业？至于售货机里的商品，应该搜集一些新奇的东西。”

于是，他就向朋友和亲戚借钱购买自动售货机。他共筹到了30万日元，这笔钱对于一个小职员来说可不是一个小数目。他以一台1.5万日元的价格买下了30台售货机，设置在酒吧、剧院、车站等一些公共场所，把一些日用百货、饮料、酒类、报纸杂志等放入其中，开始了他的新事业。

这一举措，果然给他带来了大量的财富。他的自动售货机第一个月就为他赚到100多万日元。他再把每个月赚的钱投资于自动售货机上，扩大经营规模。5个月后，他不仅早已连本带利还清了借款，而且还净赚了近2000万日元。

正是一条有用的信息，造就了一位日本的一位大富翁——古川久好。

在企业里，每一个人都扮演着两个基本角色，即信息接受者和信息传递者。作为信息接受者，你要不折不扣地按照企业所传递的信息去执行，去影响你的下属，影响你的顾客，影响你的经销商。作为信息传递者的角色，你要及时地把你的信息传递给你的主管和老板，帮助他们更好地作出对企业有利的决策和战略。

你要知道从什么人、从什么地方可以得到信息，还要知道对于得到的信息要找什么方法证实。你要善用信息渠道，与同行业中有经验的前辈交流、参加社团活动、利用媒体，等等，都可以扩展自己的信息网络。

从现在开始，每天把从任何渠道——报纸、电视、杂志、互联网、人际交流中得到的关于公司的任何确凿信息，都有意地记录下来，每天早晨第一时间非正式地反映给你的主管。因为你把握了前沿的信息，所以你也将会被老板放在冲锋的职位。

在有的人看来，一加一永远大于二

商业化社会没有什么标准等式可言。任何一种生意都是有人赚钱、有人赔钱。这其中的关键原因可能就在于，赔钱的人认为一加一应该等于二时，赚钱的人则认为一加一永远大于二。

当别人认为一加一等于二的时候，你应该想到一加一大于二。

1946年，一对父子来到美国做铜器生意。一天，父亲问儿子一磅铜的价格现在是多少。儿子回答说是35美分。父亲说："你说得没错，人人都知道每磅铜的价格是35美分，但作为犹太人的儿子，你应该说成35美元——你要试着去把一磅铜做成门把或门锁看看。"

父亲死后，儿子继续做着铜器生意。几十年来，他把铜做成过铜鼓、钟表簧片，甚至还做成过奥运会的奖牌。最贵的时候，他曾经把一磅铜卖到了3500美元。这时的他，已经是小有名气的麦考尔公司的董事长了。

但他并没有满足，他瞄准了纽约州的一堆垃圾——也正是这堆垃圾，使他名扬天下。

那是1974年，美国政府为了处理给自由女神像翻新时扔下的废料，向社会公开招标。好几个月过去了，还是无人问津。正在国外旅行的他听到这则消息时，立即十万火急地飞往纽约。匆匆看完自由女神像下堆积如山的废铜残木后，未提任何条件，他就很果断地签了收购合同。

很多人对他的这一举动嗤之以鼻，暗笑精明一世的他愚蠢无知。因为在纽约，对于垃圾处理有严格的规定，弄不好会受到环保组织的起诉。就在一些人要看这个犹太人的笑话时，他开始组织工人对废料进行分类。他让人把废铜熔化，铸成一个个小型的自由女神像；废木呢，则请木匠加工成自由女神像的底座；废铅、废铝做成纽约广场的钥匙模型。甚至连从自由女神身上扫下的灰尘他也不放过，经过精美的包装，他把它们高价出售给了花店。

就这样，不到3个月的时间，他把这堆废料奇迹般地变成了350万美元现金，每磅铜的价格整整翻了1万倍！

当你抱怨某种生意难做时，也许正有人因做同种生意而累得气喘吁吁——在你看来，一加一等于二，在有的人看来，一加一永远大于二。

80/20 法则，犹太商人颇具智慧的经商哲学

“钱在有钱人手里，赚钱就要赚有钱人的钱。”

一位犹太富翁这样向他的儿子传授生意秘诀。按他的说法，财富不是平均地掌握在人们的手中，而是恰恰相反。拥有财富的大多数人，只占总人口中一个比较小的比例。

美国人的财富在犹太人的口袋里。占美国人口很小比例的犹太人，拥有美国大部分的财富。犹太人不仅在美国，还在亚洲的日本、欧洲的一些国家，独占金融界或商界鳌头。百万、千万、亿万富翁大有人在。

如果有人问他们何以生财有道，他们会漫不经心地说一句：

“钱本来就在有钱人手里。”

你或许很不满意这个答案，但是请你千万别误会。犹太人是告诉你一个真理：钱在有钱人手里。所以，只有赚那些有钱人的钱，才可以快赚钱、赚大钱。

这是犹太商人智慧的经商哲学，而这一哲学却源自于他们对生活对世界的看法——80/20法则。

在我们每个人的身体中，水分与其他物质成分的比例是80/20。80/20法则是客观的，它规定着宇宙中某些恒定的比例。

如此说来，80/20法则的确是一个超乎一切的“绝对真理”，它一直在冥冥之中规定着我们的世界，左右着我们的生活。这样一个具有绝对权威、千古不变的真理法则，犹太人理所当然地将它作为经商的基础，依靠这个不变法则的支持，获得世人皆慕的财富。

举一个例子来说，假如有人问，世界上放债的人多，还是借款的人多。一般人都回答说：“当然借款的人多。”但是经验丰富的犹太人的回答却恰恰相反，他们会一口咬定：“放债人占绝对多数。”实际上也正是如此，银行总的来说是个借贷机构，它把从很多人那借来的钱再转借给少数人，从中获取利润，而用犹太人的说法，放债人和借款人的比例是80/20，银行利用这个比例赚钱，绝不吃亏。否则，银行就有破产之虞。

是什么在限制你成功致富

若想让每天都有新的开始，就得从意念中摒除所有对从前所产生的惋惜和愧疚心理，把思想专注在今天的可能性上。

永远记得，要追求伟大的成就永不嫌晚。

哈伦·桑德斯上校在他60岁中期开创了他的肯德基炸鸡王国。

西西尔·德米尔执导了史上经久不衰的电影之一——《十诫》，当时他是75岁。

音乐巨擘李奥波德·史塔克斯基于90多岁时还创下了20张古典乐专辑的纪录!

所以，请把心中成功与失败的记分板重新整理一下，然后拆掉失败记分板。从今天起，将你的心思都放在今天的可能性上。把你从前的愧疚都忘却，而且将它们从你的词汇中清除，让每天都成为一个新的开始。

将目标诉诸文字能帮助你管理你的人生。唯一的重点是，你能否为你现在的人生负完全的责任。你必须独自为每分每秒发生在你身上的所有事情完全负责。

对于习惯将失败归咎于他人的人，很难接受这个观念，他们宁愿相信：

“要是我的老板不那么吝啬，我可以赚更多钱。”

“若不是我父母让我那么缺乏自信，我不会和那些微不足道的小人物为伍。”

“如果那些可恶的孩子能安静一点，我便可以放松一下。”

诸如此类的话不胜枚举。有些人将所有责任都推给可控制范围外的人，却从未意识到他们要为自己的人生负责。他们将信心、人际关系、心灵的平静和生活方式的掌控权都交给别人，自己除了发牢骚之外，什么也不做，他们的牢骚只会让自己的情况更糟。

拿破仑·希尔说：除了你自己外，任何人都无法控制你。其真正的含义是：第一，你能控制你自己；第二，没有任何人控制得了你。你可以选择调整、控制自己，也可以选择过着不满意的生活。无论怎样，没有人对你的生活感兴趣。

对你生活中的一切事物负责任。哇！这真是个令人惊骇的想法，不过却也是能力所及的一步（当然，有些天然灾害如暴风雨等，和火灾或车祸等意外事件会发生，这些则是你无法控制的，不过你却可以用保险为这类情况事先做好准备。你固然用不着为这些事件负责，但却要为你的态度负责，意思是你可以决定要用多久的时间从中复原）。

当你不再依赖他人，并且明白你拥有一切的控制权时，便可以着手完成你所有的目标了。

要是你的老板付给你的薪资不足，你有权利要求加薪或者开始寻找更理想的工作。

如果你的孩子很吵又很难控制，你有权利聘请一位保姆，或是找件他们可以专注的事情让他们安静一点。

假如你的金钱不敷使用，你有权利将其做不同的分配，学着过简朴的生活。

除了违法的事情之外，没有人有权利要求你做不愿意做的事情。事实上，你成功的唯一限制是你自己附加上去的。

如何快速筹到100万美元创业基金

有一股来自内心的力量，无所不知，无所不能；不论贫穷或富有，卑微或权贵，每个人都可以拥有这股力量。只要你自己能够应用，不受任何人的影响。

这股神秘的力量，如何让一个人获得最高的成就？为何大多数的人让消极的思想误导这股内心神秘的力量，使自己不受其利，反受其害呢？

所有的天才、对人类文明有卓越贡献的伟大领导者，都使用同样的方法。

法兰克·甘索鲁斯就是利用内心的神秘力量，达成他的心愿的。年轻的法兰克牧师想要创办一所大学，他需要100万美元的经费。他决定要设法筹到这100万美元。他的信心坚定，因为他有明确的计划。他先写一篇演讲稿，题目是，“假如我有100万美元”。他在芝加哥各大报刊登启示，说他将于下个星期天早晨布道时讲这一个主题。

布道结束时，一位陌生人走到讲坛的前面说：“你讲得很好。请到我的办公室来，我会给你所需的100万美元。”这个陌生人是菲利蒲·阿默，他是阿默企业的创办人。

这是一则真实的故事。坚定的信心，产生实现目标的力量。信心不是被动的等待，而是主动的出击。

机器必须要运转才能产生作用。主动的信心一无所惧。有了信心，才能鼓舞士气，渡过难关；有了信心，才能战胜失败，克服恐惧。

生命中的灾难常迫使人们在信心与恐惧两者间做出选择。为什么大多数的人都选择恐惧？关键在于一个人的态度，造物者让我们有权利自己决定。

选择信心的人，会改变自己的态度。在日常生活中，他们勇敢地决定和行动，培养自己的信心。选择恐惧的人，他们不懂得培养积极的态度。

找出心中那股神秘的力量，你就会发现真实的自我。然后，你可能就会写一本更好的书，或做一次更精彩的演讲。

成功的坦途会通往每一个人的大门，世界会肯定每一个人，不论你原来是谁，不管你过去多么落魄，只要你主动出击过。

高人指点决定着我们的事业成功与否

拿破仑·希尔上大学时在田纳西州的一家杂志社做兼职。由于他在工作中表现很突出，有一次杂志社派他去采访美国伟大的钢铁制造家安德鲁·卡耐基。卡耐基十分欣赏这个积极上进的年轻人，他对希尔说："我向你提出一个挑战。我要你研究美国人的成功哲学，然后给出一个令人满意的答案。我会写介绍信为你引荐这些成功的精英，但我不会给你任何的经济支持。这个挑战，你愿意接受吗？"

拿破仑·希尔斩钉截铁地对卡耐基说："我接受您的挑战！"有人认为这是卡耐基的一句戏言，也有人觉得希尔坚持不下来。但是，他们都想错了——卡耐基说的绝非戏言，而希尔也真的坚持下来了，并且成为了美国家喻户晓的"成功学博士"。

事情具体是这样操作的。

先由卡耐基引荐希尔去采访，经过长谈后，希尔将采访稿整理成文章。20年，用了20年的时间，希尔遍访美国当时最富有的500位成功人士。在跟他们的聊天过程中，希尔迅速记录有用的信息，并在回家之后对他们的成功之道进行研究。

希尔每天都早出晚归，非常辛苦。终于，辛苦的付出得到了丰厚的回报。希尔写完并出版了著作——《成功定律》。这本书一经面世就引起了全世界的轰动，被翻译成多国文字在世界各国发行，引发了一场全球范围内的“成功热”。后来，希尔做了罗斯福总统的顾问。与此同时，他开始撰写他的第二本书——《思考致富》。这本书出版后，又引起了购买狂潮。

从拿破仑·希尔的成功事例我们可以看出，卡耐基在希尔成功的道路上扮演了一个多么重要的角色。如果没有卡耐基慧眼识才，并且步步提拔，希尔要做到这么成功，恐怕不是一件容易的事。

因为卡耐基的引荐，拿破仑·希尔遍访美国当时最富有的500名成功人士，成为了美国家喻户晓的“成功学博士”……可见，能否得到“高人指点”，有时决定着我们的事业成功与否，决定着我们的前途命运。

全球富豪约翰·富勒第一桶金的故事

每个人的身上都带着无形的护身符。

一边是“积极的心”，能够招徕财富、成功、快乐和健康，使人登峰造极，毫不动摇；另外一边是“消极的心”，阻挡所有美好的事物，使人一生庸庸碌碌，甚至从峰顶跌至谷底。

约翰·富勒的故事，就是最好的说明。

约翰·富勒的父亲是路易安那州黑人佃户，家中有7个兄弟姐妹。他从5岁就开始工作，9岁时会赶骡子。这些一点也不稀奇，因为佃农的孩子大多在年幼时就必须工作，他们对于贫穷十分认命。

富勒有一位了不起的母亲，她始终相信一家人应该过着快乐且衣食无忧的生活。她经常和儿子谈到自己的梦想。

“我们不应该这么穷，”她时常这么说，“不要说贫穷是上帝的旨意。我们很穷，但不能怨天尤人。那是因为爸爸从来不想追求富裕的生活，家中每一个人都心无大志。”

没有一个人想要追求财富。这句话深植富勒的心，并改变了他的一生。他一心想跻身富人之列，开始努力追求财富。他认为推销东西是最快的致富捷径。他选择了挨家挨户推销肥皂。12年后，他得知供货的公司即将被拍卖，底价是15万美金。谈判的结果，他用积蓄的2.5万美金作为订金，答应在10天内筹足尾款12.5万美金。合约中规定，若逾时未补齐尾款，将没收订金。

富勒的工作态度认真，极受客户称赞。现在他需要帮忙，他向朋友、信托公司及投资集团借钱，到了第10天晚上，他筹到11.5万美金，还差1万美金。

曙光乍现。“我已经想尽所有的办法，”他回忆当时的情形，“时间不早了，房里一片漆黑，我跪下来祈祷，请求上帝指引，谁能在时限内借我1万美金。我决定开车沿着芝加哥第61街走下去，默默请求上帝给我一线曙光。当时是深夜11点，过了几个路口，终于看到一家承包商的办公室里还有灯光。”

富勒走了进去。那位承包商正埋头办公，由于熬夜加班，已经疲惫不堪。富勒和他略有交情，他鼓起勇气。

“你想不想赚1000美金？”富勒直截了当地问。

那位承包商回答：“想，当然想。”

“借我1万美金，我会外加1000美金红利还给你。”富勒告诉那位承包商，并且详细说明整个投资计划。

富勒的口袋里放着1万元的支票，踏出承包商的办公室。其后他不但从接手的公司获得可观的利润，并且还陆续收购7家公司，其中包括4家化妆品公司、1家制袜公司、1家标签公司及1家报社。

富勒的起点比一般人更不利。但是，他有远大的目标，勇往直前。拿破仑·希尔说："每个人的目标都不一样。你有权利选择自己要追求什么。"

并非每一个人都要像富勒一样，成为大企业家；并非每一个人都愿意付出成为艺术家的昂贵代价；每个人对"财富"的定义不同，也有人认为，每天过得快乐、幸福，就是成功。不论你所追求的，是像富勒一样拥有财富，发现新的化学元素，栽培玫瑰花，或是养儿育女，都需要积极的心，才能成功。

绝境是一次挑战、一次机遇

冲出去就有希望——

有一天，毛毛虫问蝴蝶："我要怎样才能变成一只蝴蝶？"

"要成为蝴蝶，首先要有飞行的渴望，其次要有勇气冲出束缚你那安全、温暖的茧。"

"那不就是死亡吗？"

"表面看是死亡，实际上是新生。在现实生活中，这就是差别。有的成为蝴蝶，有的因逃避而死亡。"

某些时候，不是因为难我们才不敢去做，而是因为我们不敢去做，事情才变得困难。关键是冲出去！冲出去，才有希望！

从打击中重新站起来——

1914年12月，大发明家托马斯·爱迪生的实验室在一场大火中化为灰烬，损失超过200万美金。那个晚上，爱迪生一生的心血成果在无情的大火中付之一炬了。

大火最凶的时候，爱迪生24岁的儿子查里斯在浓烟和废墟中发疯似的寻找他的父亲。他最终找到了：爱迪生平静地看着火势，他的脸在火光摇曳中闪亮，他的白发在寒风中飘动着。

"我真为他难过，"查里斯后来写道，"他都67岁了，不再年轻了，可眼下这一切都付诸东流了”。他看到我就嚷道：“查里斯，你母亲去哪儿了？去，快去把她找来，这辈子恐怕再也见不着这样的场面了。”第二天早上，爱迪生看着一片废墟说道：“灾难自有它的价值，瞧，这不，我们以前所有的谬误过失都给大火烧了个一干二净，感谢上帝，这下我们又可以从头再来了。”火灾刚过去三个星期，爱迪生就开始着手推出他的第一部留声机。

是的，当你的人生遭遇无情灾难的时候，仍要去感谢上帝，它让我们忏悔，让我们反省，让我们总结经验——它是要让我们从灾难中找出价值。

奋力一拼，绝境创造奇迹——

在法国一个位于野外的军用飞机场上，一位名叫桑尼耳的飞行员正在专心致志地用自来水枪清洗战斗机。突然，他感到有人用手拍了一下他的后背。回头一看，他吓得大叫一声，拍他的哪里是人，一只硕大的狗熊正举着两只前爪站在他的背后！桑尼耳急中生智，迅速把自来水枪转向狗熊。也许是用力太猛，在这万分紧急的时刻，自来水枪竟从手上滑了下来，而狗熊已朝他扑了过去……他闭上双眼，用尽吃奶的力气纵身一跃，跳上了机翼；然后大声呼救。

警戒哨里的哨兵听见了呼救声，急忙端着冲锋枪跑了出来。两分钟后，狗熊被击毙了。

事后，许多人都大惑不解：机翼离地面最起码有2.5米的高度，桑尼耳在没有助跑的情况下居然跳了上去，这可能吗？如果真是这样，桑尼耳不必再当飞行员了，而应当一名跳高运动员，去创造世界纪录。

然而，事实确实如此。

后来，桑尼耳做了无数次试验，再也没能跳上机翼。

在日常生活中，绝境就是一次挑战、一次机遇，如果你不是被吓倒，而是奋力一搏，也许你会因此而创造超越自我的奇迹。

我们必须自己走向胜利

胜利是不会向我们走来的，我们必须自己走向胜利。

一位音乐系的学生走进练习室，钢琴上摆放着一份全新的乐谱。

“超高难度。”他翻动着，喃喃自语，感觉自己对弹奏钢琴的信心似乎跌到了谷底，消磨殆尽。

已经三个月了，自从跟了这位新的指导教授之后，他不知道，为什么教授要以这种方式整人？勉强打起精神，他开始用十只手指头奋战，奋战，奋战，琴音盖住了练习室外教授走来的脚步声。

指导教授是个极有名的钢琴大师。他给自己的新学生一份乐谱。

“试试看吧！”他说。

乐谱难度颇高，学生弹得生涩僵滞，错误百出。

“还不熟，回去好好练习！”教授在下课时，如此叮嘱学生。

学生练了一个星期，第二周上课时正准备中，没想到教授又给了他一份难度更高的乐谱，“试试看吧！”上星期的功课教授提也没提。

学生再次挣扎于更高难度的技巧挑战。

第三周，更难的乐谱又出现了，同样的情形持续着，学生每次在课堂上都被一份新的乐谱"缠住"，然后把它带回去练习，接着再回到课堂上，重新面临难上两倍的乐谱，却怎么都追不上进度，一点也没有因为上周的练习而有驾轻就熟的感觉，学生感到越来越不安、沮丧及气馁。

教授走进练习室。学生再也忍不住了，他必须向钢琴大师提出这三个月来他何以不断折磨自己的质疑。

教授没开口，他抽出了最早的第一份乐谱，交给学生。

"弹奏吧！"他以坚定的眼神望着学生。

不可思议的事发生了，连学生自己都惊讶万分，他居然可以将这首曲子弹奏得如此美妙，如此精湛！教授又让学生试了试第二堂课的乐谱，同样，学生出现高水平的表现。演奏结束，学生怔怔地看着老师，说不出话来。

"如果，我任由你表现最擅长的部分，可能你还在练习最早的那份乐谱，不可能有现在这样的进度。"教授缓缓地说着。

人，往往习惯于表现自己熟悉、擅长的领域。但如果我们愿意回首，细细检视，将会恍然大悟，看似紧锣密鼓的工作挑战、永无歇止难度渐升的各种压力，不也在不知不觉间被战胜、被攻破，并由此而锻炼成了今日的诸般能力吗？

人，确实有无限的潜力！有了这层体悟与认知，会让我们更欣然乐意地面对未来势必更多的难题。

信念，是一切向上的力量和源泉

成功永远不会主动走向等待的人

成功不会主动走向等待的人，成功也不会期待别人走近自己！

也许，你也认识这样的人，他们坐在一家饭馆里，翻开菜谱，用怀疑的目光仔细研究着各种美味佳肴的名字。而饭店提供的菜肴越多，他们就越难做决定。他们环顾周围，询问别人都订了些什么，他们思考，他们拒绝别人的建议，他们就是无法合上菜单做出决定。最后，当侍者站在桌前时，他们才不得已地说出决定。那么，这样的“偶然”结果必是：他们舍弃了所有那些精心烹制的美味佳肴，而最终选择了厨师最不拿手的一道菜。

从这些生活里最平凡的小事中就可以看出，一个人是喜爱做决定，还是决定能力较弱。欠缺决断能力的人，当然会一无所获。

唤醒你心中的勇气来做出决定吧，只有这样你才可以实现自己的梦想，你才会从你的生活中得到你理应得到的东西。

一个真正动脑筋思考的人，可以从失败中学到与从成功中同样多的东西。

有一次，一位大学教授请学生举手，以便他能知道有哪些同学希望在未来独立创业。在座的50位毕业生中只举起了4只手。于是，教授对那些没有举手的学生说道："能允许我向你们介绍一下你们未来的老板吗？"

这个小故事说明了决定与否会对你的人生产生怎样的影响。

要注意的是，如果你只锁定了一个想法，只谈论它，那么你就可以百分之百地使你的行动和你的机遇上升到成功的高度。

谁不吃饭，谁就会很快死去；谁不运动，谁就会患上疾病；而谁停止追逐目标，那么他的精神已亡！

你今天的梦想会成为明天的现实！

假如我们在孩子玩的玻璃弹子里放上几粒光芒四射的钻石，他们一点也意识不到自己手上拿着的是什么宝贝，也许他们会毫不犹豫地用这些珍贵的宝石去换漂亮的玻璃弹子。我们成年人的行为也大体相似。我们的身上隐藏着出人意料的天赋、才能、机遇，然而我们对此一无所知，常常把我们的财富白白浪费掉。我们每个人都具有内在的辨别力，每个直觉都会引导我们去发现自己特殊的才能。

要成功千万不能告诉自己的一句话

小事情有多重要？小事情就是一切。

大事也是由小事做起的，所以要重视每一件事情的细节。很多时候，失败都是因为错在小事，小事是最不被重视的，所以有那么多人失败。

比如说，公司接电话的态度可能是件小事，可是顾客却可能会因接电话人的态度不好而拒绝与你做生意。

送货的包装可能是小事，但外表的破损会失去顾客的信任。

邮寄的时间可能只是细节，但顾客可能怪你不准时而退货。

损失金钱都是因为小细节不正确可能会影响整体的结果。

你不能总找借口说："货物正在路上，过几天就到""包装是工人没注意才会破损""负责接电话的人正好不在，那是别人接的"。这些理由别人都不想听，别人只想确定你是一个负责的人，别人只希望你能达成事情的结果，别人只是永远的要求完美，而且永远不够完美。

出门之前领带没有打好，并不代表你是个失败的人，但很多人都会这么认为，而且一次、两次，点点滴滴的负面印象就会降低别人对你的评分。

大部分人都轻视小事，因为他们不了解大事是由小事组成的——做小事就是在做大事。

那些身边所谓的“小事”往往成为一个人塑造人格和积累诚信的关键。一些贪小便宜、耍小聪明的行为只会把自己定格为一个贪图小利、没有出息的人的形象，最终会因小失大。

在家庭成员之间的关系中，小事情就是大事情。在建立信任和培养无条件的爱方面，这种小事所起的作用可不小。想一想在家里使用一些像“谢谢”和“劳驾”这类礼貌用语的效果吧。或者是为家人做些他们想不到的事情，比如带孩子们去买对他们来说很重要的东西。或者想出一些表示爱的小点子，比如在午饭盒里或是公文包里留个条子等。

天下没有什么大事可做，有的只是小事。一件一件小事累积起来就形成了大事。任何大成就或者大灾难都是累计的结果。

播下一种思想，收获一种观念；播下一种观念，收获一种行为；播下一种行为，收获一种习惯；播下一种习惯，收获一种命运。习惯决定命运，命运来源于细节。人生无小事，事事在认真。

成功者之所以成功，就是因为把每一件小事都力求做到最好。

要成功就不能告诉自己：“有一天，我要做成一件大事……”成功应该是把每一件小事做好，而且每天都一样。

过着自律生活的人，能早一步迈向成功

世界上有两种人。一种人过着他律性的人生，这种人总需要别人来督促、别人来监督他，否则他不会做某些事。第二种人过着自律性的人生，这种人不需要别人督促，也不需要别人规律，自己就会清楚目前该做什么。

你认为这个世界上第一种人比较多，还是第二种人比较多？成功的人是自律性的人，还是他律性的人呢？

运动员每天操练很辛苦，所以疲倦时都不太愿意操练，但不断地坚持操练是不是成功的关键呢？肯定是。

世界级的运动员不需要教练的督促，他们懂得自我操练。所谓自我操练就是明知自己不愿意做某些事，但是，做这些事情会成功，所以，规定自己一定要去做。

举例，推销员应该大量拜访顾客，可是害怕被拒绝，于是不去拜访，他就应该告诉自己：“只有大量拜访才会成功，顾客一定会购买，我现在就要去行动！”

与陌生人说话缺乏自信心，可是必须去练习与人交往，增加人际关系，他就应该告诉自己：“我是最棒的，每一个人都很喜欢我，我相信我自己！”然后立刻去与人交谈。

赚了钱应该存下来，但是总是有花钱的欲望。这时候，应该克制自己，告诉自己："要存钱、要存钱，存钱才是最重要的事情。"

早上不愿起床，但为了培养成功者的好习惯，就应该立刻告诉自己："再不起床，我就是个失败者，我要失败了，我就要失败了！"然后，立刻跳下床。

成功的人都是会自我操练的人，而且对自己都非常严格。一般的人不但不会自我操练，不愿自我操练，同时还每天放松自己。若别人来规律他，他还不愿意接受别人的规律，这实在糟糕！

过自律性的人生，严格自我操练，学习成功者的习惯，把每件小事做到最好，你才有成功的机会。

什么人绝不会取得伟大的成就

工作不是我们为了谋生才做的事，而是我们要全力以赴用生命去做的事。

一个人的工作，是他亲手制成的雕像，是美丽还是丑恶，可爱还是可憎，都是由他一手造成的。而一个人的一举一动，无论是写一封信，出售一件货物，或是一个电话，都在说明雕像或美或丑，或可爱或可憎。

如果一个人轻视自己的工作，而且做得很粗陋，那么他绝不会尊敬自己。如果一个人认为他的工作辛苦、烦闷，那么他的工作绝不会做好，这一工作也无法发挥他自身的特长。

在社会上，有许多人不尊重自己的工作，不把自己的工作看成创造事业的要素和发展人格的工具，而视为衣食住行的供给者，认为工作是生活的代价、是不可避免的劳碌，这是多么错误的观念啊！原因很简单，抱怨和推诿其实是懦弱的自白。

一个人对工作所持的态度，和他本人的性情、做事的才能有着密切的关系。要看一个人能否达成自己的心愿，只要看他工作时的精神和态度就可以了。如果某人做事的时候，感到受了束缚，感到所做的工作劳碌辛苦，没有任何趣味可言，那么他绝不会取得伟大的成就。

不论做何事，务必全力以赴，这种精神的有无可以决定一个人日后事业上的成功与失败。一个人工作时，如果能以生生不息的精神、火焰般的热忱，充分发挥自己的特长，那么不论所做的工作怎样，都不会觉得劳苦。

在工作中，常常有许多人认为自己在为主管工作，为公司工作，他们没有给我们期待的回报，以致我们心中不平，想借此怠工，或以其他动作来报复，甚至想要轰主管下台。

但是，我们平心静气地坐下来想一想，如果我全力以赴，业绩辉煌，谁最占便宜？如果我偷懒，表现不佳，谁最吃亏？固然主管也许会因我们表现的好坏而受到不同程度的影响，但真正影响最大的是你自己。是你自己不能成长，是你自己在浪费光阴！

你有理由觉得自己是在为主管工作，而常常闷闷不乐，工作提不起劲；但你更应该告诉你自己，你是在为自己工作！因而全力以赴，常有一颗快乐的心。因为不管工作表现如何，真正影响最大的绝对不是主管或别人，而是你自己。你自己成长步伐的快慢，只意味着你付出的多与少，工作的勤与惰而已。

不管你的工作看起来是怎样的卑微，你都应当付之以艺术家的精神，用生命去做。在任何情形之下，都不允许对自己的工作表示厌恶。厌恶自己的工作，最终也会遭到工作的厌恶。如果你为环境所迫而做一些乏味的工作，你也应当设法从这些乏味的工作中找出乐趣来。

要懂得，凡是应当做又必须做的事情，总能找出事情的乐趣，这是我们对于工作应抱的态度。有了这种态度，无论做什么工作，都能有很好的成效。

全力以赴，用生命去做。你才会感受到成长的快乐和生命的美好。

成功人士信仰的那些座右铭和格言

古往今来，成功者都有其所遵循的信念。他们中的许多人甚至把信念用格言形式写出来，作为自己一生的座右铭。

1888年，法国巴黎科学院发起关于“刚体绕固定点旋转”问题的有奖征文，征文规定，作者除提供论文外，还必须附有一条格言。结果，一篇附有“说自己知道的话，干自己应干的事，做自己想做的人”的格言的论文，被一致认为科学价值最高。

这篇论文与这条格言出自38岁的俄国女数学家苏菲·柯瓦列夫斯卡娅之手。

苏菲·柯瓦列夫斯卡娅通过不懈努力，果然实现了自己的格言，成为了一个“自己想做的人”。

在妇女处于被压迫、被奴役的悲惨地位的19世纪，她是走进法国巴黎科学院大门的第一位女性和数学史上第一个女教授。

拿破仑·希尔，原来只是一个矿工。在他用来撰写此书的打字机前面，悬挂着一个牌子，上面用大写字母写着一句话：“日复一日，我在各方面都将获得更大的成功。”一名怀疑者在看到这个牌子后，问拿破仑·希尔是否真的相信牌子上的话。

拿破仑·希尔回答说：“我当然不相信。这个牌子没起过什么了不起的作用，‘只不过’帮助我脱离了煤坑，并替我在这个世界上谋得一席之地。以及使我得以鼓励数十万人力争上游，并在他们的脑子里树立起与这个牌子内容相同的积极思想。除此之外，似乎也没什么别的了。”

安东尼·古柏出生于奢华的家庭，然而，他的童年是很不幸的。父亲忙着所谓的政治，母亲则热衷于社交，他们都没有时间关心这个孩子。15岁时，这个不幸的富家子经常到小巷里去玩。有一次，他看见几个穿得破破烂烂的醉汉，抬着一具粗劣的棺材，摇晃地走了过来，嘴里还唱着鄙俗的歌曲。突然，“砰”的一声，棺材掉落在地上。棺木破裂，棺盖开了，尸体随即滚了出来。

看到这情景的古柏，立刻在心中树立起了这样一个信念：他要用个人的全部精力与财富，来改善贫苦人的生活。一连17个年头，古柏为了精神病患者获得赡养费的法案能在国会通过，不遗余力地奋争；而为了使穷人的儿女得到人身保障，从此不再被贩卖，古柏努力了20年。古柏是YMCA的首任会长，任期长达21年……而这些仅仅是他业绩的很少一部分。

作为一种精神状态，信念不仅影响我们潜能的开掘，而且还控制着我们的健康状态，直接影响我们的成功进程与成就的高低。在走向目标的征途中，恐惧与信念是耸立在我们面前的两大路标，它们一个指向成功的反向，一个指向成功的正向。恐惧会勾起我们许多不愉快的往事，使我们想起失败、痛苦和沮丧，并不停地暗示——“这次是不是又会重复那些不幸？”信念则让我们回想成功时的喜悦，鼓舞我们产生“再来一次”的欲望，激起我们继续尝试的热情……可以说，没有信念的指引，我们的人生将变得黯淡无光！

为什么过程能够导致决定

做出一个决定，意味着触动一个充满威力的螺旋：正面的决定推动一件事沿着良性循环的轨道运行，并最终得到正面的结果。负面的决定则使得事情恶性循环，并最终产生负面效应。

如果不事先向其“医生”或者“药剂师”（上司、教师、伴侣、亲朋等）咨询，可以立即做出一个决定的人只占2%。

通过下面的两个例子，我们就可以看出为什么过程能够导致决定……

以前，美国有色人种的地位远低于白人。有一天，美国亚拉巴马州一位中年妇女突然意识到这种事是错误的。为什么她必须在公共汽车上为一位白人让座呢？难道就因为她是有色人种？从这一刻起她做出了决定：她要坐在位子上并将致力于为全人类的平等而奋斗。罗莎·帕克斯为人权斗争的行动终于引起了一场运动，进而改变了历史的进程。

在印度，有一个身材矮小的名叫甘地的男人和别的同胞一起做出决定，要为印度脱离英国的辖制而奋斗。但他拒绝进行残酷的战争，因为战争势必夺去无数无辜的生命，甘地宁愿选择非暴力的抵抗运动。刚开始的时候，他遭到了许多人的嘲笑：不废一枪一弹如何能够打击大英帝国？然而，无论是他在全世界各地的追随者还是反对者，都最终认识到这个拒绝使用暴力的男人有着多么巨大的精神力量。甘地为非暴力和平转变所进行的远征最终使他的祖国获得了自由，并在全世界范围内对无数人产生了深远的影响。

由此可见，一旦你在你的生活中做出决定，将会导致一系列的连锁反应。然而，在我们这个时代，有许多人却变异成那种人人皆知的家兔，只会在蛇的面前发愣。越来越多的人失去了行动的能力，因为他们不再有能力做决定。有的人失业了，却不能下决心让自己摆脱这种状况；有的人对自己的工作不满意，但却不愿去下决心改变这种境况；有的人人际关系不好，但却不愿下决心改善这种状况。究竟是什么原因使得能够果断做决定的人变得如此少呢？很简单，就是因为他们害怕自己做出错误的决定，他们害怕自己的错误决定会使自己有所损失。

人类总是试图远离疼痛、痛苦和惩罚。我们大家都有过这样的经验，我们都曾做出错误的决定，并因此不得不忍受它所带来的不利后果。这种经验多次累积之后，便会对许多人产生条件化：每当他们面临抉择的时候，总是尽可能地拖延时间，力求不做出错误的决定。然而事实上，这只会给自己带来相当不利的后果：不做决定比做出错误的决定要更糟糕。

你在生活中获取的经验越多，你就会越成功。因此，不要害怕做出错误的决定，因为决定本无对错，只是决定的结果有正面的经验与负面的教训之分而已。

你的失败是怎样被你自己用心策划的

人与人之间的差别，一开始仅在于思考问题的方式不同。

生活中，会有相当一部分人，他们的期望就是追求一生平平淡淡。

在他们看来，差不多就行啦。他们随遇而安，不求有功，但求无过。他们认为枪打出头鸟，退一步海阔天空，等等。假使这些观念，日积月累下来变成他们的信念，这种对事物习惯性的看法，会最终决定他们面对事情时的态度，积极、进取、努力等十之八九不会是他们的人生态度。

接下来，他们对待工作的行为就是差不多就行，对得起这份工资就行。他们到点就下班，分外事他们不会主动去做，更不会多做。稍有挫折，立即自我安慰：成功是少数人的事，退一步，海阔天空。他们的结果会是什么？平平淡淡！

成长的结果通常取决于成长当初的内心期望。

生活中，也会有相当多的人，他们期望一定要成就一番事业。他们秉持“永争第一”“不做则已，要做就做到最好”“付出皆有回报”“不成功，便成仁。”“坚持到底，永不放弃”的积极态度。因为他们的期望强度足够牢固，这些观念日积月累就会变成他们的信念，这些信念也最终会决定他们面对事情时积极进取，努力拼搏，精益求精，追求卓越。

这些人对待工作的行为，不是“差不多就行”，如果工作没有做完，他们不会到点就下班，奉献精神与主动意识会促使他们常做一些别人不愿做的“边际工作”与“分外事”。他们遭受挫折后，爬起来，再跌倒，再爬起来，直至成功。这就是他们的结果：一生终究成就一番事业。

人们最初的内心期望，经过一段时间的努力，最终演变成他们想要的结果。

改变遵循一定的轨迹。结果决定于行为，行为决定于态度，态度决定于信念，信念决定于自我期望。有什么样的内心期望，你就会选择什么样的信念，接着就会有什么样的处事态度以及什么样的行为，因此，也就有了什么样的结果。

在你的心目当中，你认为自己是什么，你就是什么。如果你认为自己是一个平平淡淡的人，你的结果就真的平平淡淡。如果你认为自己注定是一个不平凡的人，你的结果常常就能成就一番大事业。

积极思维者，得到积极的结果。消极思维者，得到消极的结果。有什么样思考问题的方式，就会有什么样的人生。

林肯、贝多芬和贝利战胜自卑心理的经验

自卑感较强的人，常常通过牺牲自己的权力而让旁人来证实自己。自卑感的产生，往往并非认识上的差异，而是感觉上的差异。其根源就是人们不喜欢用现实的标准或尺度来衡量自己，而是相信或假定自己应该达到某种标准或尺度。如“我应该如此这般”“我应该像某种人一样”等。这种追求会滋生更多的烦恼和挫折，使自己更加抑郁和自责。实际上，你就是你，不必“像”别人，也无法“像”别人，更没有别人要求你“像”。因此，要想不被周围的环境所俘虏，走出自卑，就需要敢于面对挑战并迎接它、战胜它、超越它。补偿心理就是自卑心理的法宝。

什么是补偿心理呢？补偿心理是一种心理适应机制（机能）。个体在适应社会的过程中总有一些偏差，为了克服这些偏差，于是从心理方面寻找出路，力求得到补偿。自卑感越强的人，寻求补偿的愿望往往也就越大。从心理学上看这种补偿，其实就是种“移位”（变位），为克服自己生理上的缺陷或心理上的自卑感（劣等感），而发展自己其他方面的特征、长处、优势，赶上或超过他人的一种心理适应机制。事实上，也正因为如此，自卑感就成了许多成功人士成功的动力，变成他们超越自我

的“涡轮增压”。而“生理缺陷”越大的人，他们的自卑感也越强——而成就大业的本钱就越多。

解放黑奴的美国总统林肯补偿自己不足的方法就是通过教育及自我教育。他拼命自修以克服早期的知识贫乏和孤陋寡闻，他在烛光、灯光、水光前读书，尽管眼眶越陷越深，但知识的营养却对自身的缺乏做了全面补偿，最后使他成了有杰出贡献的美国总统。贝多芬从小听觉有缺陷，耳朵全聋后还克服自卑，写出了优美的《第九交响曲》。

自卑感具有使人前进的反弹力，由于自卑，人们会清楚甚至过分地意识到自己的不足，这就促使你努力纠正或者以别的成就（长处）弥补这些不足。这些经历将使你的性格受到磨砺，而坚强的性格正是获取成功的心理基石。自卑能促使人成功，令人难堪的种种因素往往可以作为发展自己的跳板。所以，一个人的真正价值，首先取决于能否从自我设置的陷阱里超越出来，而真正能够解救你的这个人——就是你自己，即所谓“上帝只帮助那些能够自救的人”。欲要摆脱自己心理或生理方面带来的自卑感，就要善于寻找运用别的东西来替代、弥补这种自卑意识。

强者不是天生的，强者也并非没有软弱的时候，强者之所以成为强者，正在于他善于战胜自己的软弱。贝利战胜自卑心理的过程告诉我们：尽量不要理会那些使你认为你不能成功的疑虑，勇往直前，拼着失败也要去做做看，其结果往往并非真的会失败。久而久之就会从紧张、恐惧、自卑的束缚中解脱出来。

医治自卑的对症良药就是：不甘自卑，发愤图强，予以补偿。学会自我补偿，自卑的阴影就不会再将你纠缠。每个人的天赋不同，处境不同，面临的机遇不同，成功的程度和方向也不会相同。用自己的本色和真实的感情来创造前程，这就是一个人的成就。所谓成就，无非是扬长避短，尽力而为的结果。即使没有成就，没有建树，只要你充分发挥了生命，人就享受了成功的人生。不怀疑自己的能力，不迷信他人，这是生命得以发挥的心理基础。

具有神奇力量的自信形象法

皮尔是世界著名的“自信思维法”的传播者，并且发现了同“自信思维法”一样具有神奇力量的自信形象法。

但是，他小时候非常缺乏自信。

他的爸爸和妈妈都是具有独立见解并善于表达的人，他觉得自己永远也赶不上父母，也达不到父母对他的要求，要不是在大学二年级一位教授教训了他一顿，他可能永远也不会产生自信的想象力。

有一天他在课堂上回答问题时显得很窘迫，课后教授责备他说：“你这种害羞的样子还要持续多久？就像一只受惊的兔子，连你自己的声音也害怕吗？你最好改变一下你对自己的看法。皮尔，现在改还不晚。”

他离开了教室，生气、伤心，但更多的还是害怕，因为他知道这位教授所说的是真话。

他坐在教堂的台阶上，用真诚而又失望的心情祷告着：“别让我看到我是个受惊的兔子，让我自信我是个能在一生中做大事的人；愿你给我力量和勇气。”

他决心改变自己的心理状态。

随着岁月的流逝，当他干任何事要想达到一定目的时，就使用“形象法”的技巧。

虽然不自信的心理仍时时影响着他，但是，他总是幸运地发现他成功的形象比那失败的形象强烈得多。

在一个南方联邦阵亡将士纪念日里，美国军团（美国退伍军人的一个组织）召开了一次纪念大会。5万人拥挤在一个公园里，陆军中校西奥多·小罗斯福作为贵宾也参加了大会，皮尔也被邀请去了。皮尔以为开始开会的仪式可能只是做个祷告，可他一到那儿，才发现他被指定为主要发言人，他顿时感到一阵恐慌。

他事先没有准备发言，站在5万人的面前又令他们失望的情景使他害怕极了。

他找到大会的组织者，告诉他们他不能、也不会发言，他们应该找别人发言。

小罗斯福知道他的难处后，就对他说：“孩子，不要老想着失败，现在你有个给予这些伤心的母亲们安慰的机会。你可以告诉她们，她们做出了巨大的牺牲，我们是多么敬爱她们。你可以告诉她们，对于她们失去的丈夫和孩子，我们的祖国感到自豪。上去讲吧，我就坐在你后面，想象着你热爱这些人们、帮助这些人们以及能使他们沉醉入迷的20分钟演说的情景。我在我脑海里已有了这样一幅画，它是这样逼真，我知道这幅画马上就会变成现实。”

皮尔自愧了，他决心按着小罗斯福所说的去做。

他感到小罗斯福对自己胜利形象的想象一定比他对自己失败形象的想象更为强烈。

果然，他的发言成功了，小罗斯福对他说，“你瞧，如果你认为你能成功，或者别人对你抱有信心的话，那么你一定会成功。”

皮尔从这件事情受到了启发。

后来他说：“可能就是在那个时候那个地方，自信思维法在我身上起效了。但是，当所希望的成功来到时，确实是自信想象的力量——坚持自己必胜的想象，以及这栩栩如生的想象所产生的结果在起作用。”

一个人取得巨大成功首先是因为什么

自信的人依靠自己的力量去实现目标，自卑的人则只有凭借侥幸。

美国是移民的天堂，但天堂里也有数不清的失意者，今年已经30多岁的亨利就是其中一个。

他靠失业救济金生活，整天无所事事地躺在公园的长椅上，无奈地看着树叶飘零云朵飞走，感叹命运对自己不公。

有一天，他儿时的朋友切尼迫不及待地告诉他："我看到一本杂志，里面有一篇文章说拿破仑有一个私生子流落到了美国，并且这个私生子又生了好几个儿子，他们的全部特征都跟你相似，个子矮小，讲一口带法国口音的英语。"

"真的是这样吗？"亨利半信半疑，但他还是愿意把这一切当作真的。他掏出口袋里所有的零钱，用汉堡包加一杯可乐招待了切尼。

有很长一段时间亨利总在心里念叨着："我真的是拿破仑的孙子？"渐渐地，这挥之不去的意念终于使他确信了这是一个事实。

于是，亨利的人生整个被改变了，以前他因为个子矮小而充满自卑，而现在他因此感到自豪：我爷爷就是靠这种形象指挥千军万马。以前他总觉自己的英语发音不标准，像一个令人讨厌的乡巴佬，现在他却以为自己带一点法国口音的英语悦耳动听。在下决心开创一番事业的时候，因为是白手起家，他遇到了无数难以想象的困难，但他却充满了信心。他对自己说，在拿破仑的字典里找不到“难”这个字。

就这样，凭着自己是拿破仑孙子的信念，他克服了种种困难，成为一家大公司的董事长，并且在他经常闲逛的那个公园对面，盖了一幢30层的办公大楼。

在公司成立10周年的日子，他请人去调查自己的身世，结论是他不是拿破仑的孙子。但亨利并没有因此感到沮丧，他说：“我是不是拿破仑的孙子已经不重要了，重要的是我明白了一个成功的道理：当你相信时，它就是真的。”

没有自信，便没有成功。一个获得了巨大成功的人，首先是因为他自信。

有人说，自信是成功的一半，这话很对。

自信的人依靠自己的力量去实现目标，自卑的人则只凭借侥幸。

古往今来，有许多失败者之所以失败，究其原因，不是因为无能，就是因为不自信。

自信，使不可能成为可能，使可能成为现实。不自信，使可能变成不可能，使不可能变成毫无希望。

一分自信，一分成功；十分自信，十分成功。当你总是在问自己：我能成功吗？这时，你还难以摘取成功的花朵。当你满怀信心地对自己说：我一定能够成功。这时，收获的季节离你已不太遥远了。

我成功，因为我志在成功

心存疑惑，就会失败；相信胜利，必定成功。相信自己能移山的人，会成就事业；认为自己不能的人，一辈子一事无成。

成功意味着许多美好、积极的事物。成功——成功——就是生命的最终目标。人人都想要成功。每一个人都想要获得一些最美好的事物。没有人喜欢巴结别人，过平庸的生活。也没有人喜欢自己被迫进入某种情况。最实用的成功经验，可在圣经的章节中找到，那就是“坚定不移的信心能够移山”。可是真正相信自己能移山的人并不多，结果，真正做到“移山”的人也不多。

有时候，你可能会听到这样的话：“光是像阿里巴巴那样喊：‘芝麻，开门！’就真的想把山移开，那是根本不可能的。”说这话的人把“信心”和“希望”等同起来了。不错，你无法用“希望”来移动一座山；也无法靠“希望”实现你的目标。但是，拿破仑·希尔告诉我们：只要有信心，你就能移动一座山。只要相信你能成功，你就会赢得成功。关于信心的威力，并没有什么神奇或神秘可言。信心起作用的过程是这样的：相信“我确实能做到”的态度产生了能力、技巧与精力这些必备条件，每当你相信“我能做到”时，自然就会想出“如何去做”的方法。

全国各地每天都有不少年轻人开始新的工作，他们都“希望”能登上最高阶层，享受随之而来的成功果实。但是他们绝大多数都不具备必需的信心与决心，因此他们无法达到顶点。也因为他们相信自己达不到，以致找不到登上巅峰的途径，他们的作为也一直停留在一般人的水平。但还是有少部分人真的相信他们总有一天会成功。他们抱着“我就要登上巅峰”（这并不是不可能的）的积极态度来进行各项工作。这批年轻人仔细研究高级经理人员的各种作为，学习那些成功者分析问题和做决定的方式，并且留意他们如何应对进退。最后，他们终于凭着坚强的信心达到了目标。

信心是成功的秘诀。拿破仑曾经说过：“我成功，是因为我志在成功。”如果没有这个目标，拿破仑必定没有毅然的决心与信心，当然，成功也就与他无缘。

你的梦想画面，就是你成长的动力波

人们会先去做自己想做的事，然后才去做该做的事，所以才会愿意把比较多的钱花在娱乐上，而不是自己和家人的教育和健康上。

一项研究表明，大多数的富翁会先专心打造一个梦想，而不会在一开始就见钱眼开。你梦想的画面就是你成长的动力波。

达美乐比萨的创办人摩纳根当年只开了间比萨店，专门卖热比萨给住在附近大学宿舍里的学生。他把这个工作当成他生活的一部分，于是他创造了价值数十亿美元的财富。

一位漫画家在四五岁的时候，就发誓在绘画界有所作为。15岁时，他就到漫画界闯荡，因为他明白自己的兴趣与能力，无怨无悔走自己要走的路并且乐在其中，所以，他才会获得杰出的好成绩。

从现在起，在心中拟定自己未来5年的愿景，想象达到愿景后与最爱的人一起分享的宏大场景。让这些人的期盼成为刺激自己进步、让自己采取行动的最佳动力！

很多人通常都会去找收入最高、离家最近、保障最多、福利最好的工作。他们完全不考虑自己成长和发展的机会。如果你追求的是金钱，你就会变成金钱的奴隶。相反，一旦你下决心为你心中的愿景去无怨无悔的付出，金钱就会向你靠拢，你也会成为金钱的主人。

成长的力量是巨大的。这种力量不是外力所导致的，靠的是你的心。成功人士的人生方向非常明确，因为他们内心有的是清晰的愿景。

“金钱”只是成就的其中一部分，而不是目标的全部。金钱不应该是人生的主要动力，年龄高低也不能阻碍自己发掘天赋，去做自己热爱的事情。当我们专注于内在的动力时，一切努力自然会开花结果。

将自己前进的动力交给别人来激发最终不会长久，只有靠自己的内在来发掘和捕捉。因为，内在自发的动力才能久远，外在的激励热闹只是一时！

如何在短短5年内梦想成真

1976年的冬天，19岁的迈克尔在休斯敦一家实验室里工作，他希望自己将来从事音乐创作。写歌词不是迈克尔的专长，他找到善写歌词的凡内芮同她一起创作。凡内芮了解到迈克尔对音乐的执着以及目前不知从何入手的迷茫，她决定帮助他实现自己的梦想。她问迈克尔：

“想象你五年后的生活是什么样子？”

迈克尔沉思了几分钟告诉她：“第一，五年后，我希望能有一张很受欢迎的唱片在市场上。第二，我能住在一个很有音乐氛围的地方，能天天与世界一流的乐师一起工作。”

凡内芮接着说：“我们现在把这个目标倒算回来。如果第五年，你有一张唱片在市场上，那么第四年你一定要跟一家唱片公司签约。

“第三年你一定要有一个完整的作品，可以拿给很多唱片公司听。

“第二年你一定要有很棒的作品开始录音了。

“第一年你一定要把你所有要准备录音的作品全部编曲，排练好。

“第六个月你就要把那些没有完成的作品修改好，然后让自己可以逐一筛选。

“第一个月你就要把目前这几首曲子完工。

“现在的第一个礼拜你就要先列出一张清单，排出哪些曲子需要修改，哪些需要完工。

“好了，现在我们不就已经知道你下个星期一要做什么了吗？”凡内芮笑笑说。

“你说你五年后，要生活在一个很有音乐氛围的地方，然后与一流的乐师一起工作，对吗？”她补充说，“如果，第五年你已经与这些人一起工作，那么第四年你应该有自己的一个工作室或录音室。第三年，你可能得先跟这个圈子里的人在一起工作。第二年，你应该搬到纽约或是洛杉矶去住了。”

凡内芮的五年规划体系让迈克尔很受益。次年（1977年）他便辞掉了令许多人羡慕的太空总署的工作，离开了休斯敦，搬到洛杉矶。大约在第六个年头的1983年，一位当红歌手诞生了——迈克尔的唱片专辑在北美年畅销几千万张，他一天24小时都与顶尖的音乐高手在一起工作。

五年后你“最希望”看到自己的生活是什么样子？在你的生命中，上帝已经把所有“选择”的权力都交到你自己手上了。五年后的结果取决于五年前的选择，有了明确的选择——只要我们寻找，上帝都会为我们祈祷；只要努力，上帝都会为我们开路。

要做生活的主人，不当败将

关于失败者与成功者的特质对比

为什么有人成功，也有人失败？自从人类不满意穴居的生活方式，不断地努力让自己过得更舒适，人们就开始思索这个问题。关于失败者与成功者的特质，下面的比较可以给你更清楚的概念。

成功的人清楚地知道自己想要什么，有一套完整的计划；他相信自己做得到，并且投注大量的时间和心血。失败的人没有明确的人生目标，他认为成功只是靠运气，因而做事被动，不肯用心。

成功的人是一流的推销员，深谙以友善的方式，让别人乐于配合执行他的计划与目标。失败的人老是怪罪别人，其挑剔的态度令人不敢领教。

成功的人在说话之前会先经过思考，他时常赞美别人，对别人的批评则多半一语带过，甚至只字不提。失败的人正好相反，经常不假思索脱口而出，事后即懊悔，并且容易得罪别人。

成功的人对于有把握的事情才表示意见，并且言之有物。失败的人对于所知有限，甚至全然无知的事情也信口开河。

成功的人能够掌握时间，在金钱上量入为出。失败的人虚度光阴，对于金钱则挥霍无度，一点都不懂得珍惜与节制。

成功的人热忱待人，与志同道合的人维持深厚的友谊。失败的人只和有利害关系的人来往。

成功的人心胸开阔，对于所有的人、事、物都有很大的包容性。失败的人心胸狭小，稍不顺心就小题大做，使人敬而远之。

成功的人随时掌握时代的脉动，除了自己的行业与社区，还关心整个世界的发展。失败的人急功近利，只在乎自己眼前的需要，甚至不择手段。

成功的人对人生抱持积极乐观的态度。他知道自己获得的地位与成功，都取决于服务别人的质与量，因此总是做的比说的更多。失败的人期望不劳而获，如果无法如愿，反而会责怪别人的贪婪。

成功的人对造物者十分崇敬，经常用祷告及帮助别人来表达自己的感恩之心。失败的人过分重视物质享受，只要一有机会，就不惜牺牲别人来满足自己。

我们可以看得出来，成功者与失败者，在思想及言行上都有极大的不同。每个人之所以成功或失败，完全取决于他对别人和对自己的态度。

如何寻找一个让自己成功的新环境

决定我们一生成就的重要因素，不是所谓的命运，而是每个人身处的环境。

或许我们没有能力去创造一个环境，但可以去选择一个环境。

正值赶考时节，有一位秀才欲赴省城大考，偏偏妻子随时可能临盆。留她一人在家中也不能安心，遂带着妻子同行，希望能一起到省城之后才生产。一路旅途劳顿，也不知是否动了胎气还是孩子急着想早一刻出来，妻子竟在半途肚子痛了起来，眼看就要生产了。

沿途住家稀少，勉强前行了一段路，才找到一处人家，秀才急忙上前敲门。这户人家以打铁为业，刚巧铁匠的老婆也正要生产。算来也是秀才的运气好，现成的接生婆正好顺道帮妻子接生。

过不多时，秀才的妻子和铁匠的老婆安然产下两个儿子，母子俱皆平安。两个男婴算来竟是同年同日且同一时辰生下的。

16年后，秀才的儿子长大了，也继承父业，考上了秀才。老秀才大喜之余，想起铁匠的儿子与自己的儿子的生辰八字相同，想来此时必定也是个秀才了。

回想当年收容妻子临盆之恩，秀才便即备了四样礼物，专程赶往铁匠家中，欲向他道贺儿子高中之喜。

等到了铁匠家中，只见老铁匠坐在门口吸着旱烟，屋内一个年轻后生，精赤上身正忙着打铁。秀才将礼物呈上，并问老铁匠的儿子哪里去了。

老铁匠指了指门内，说道：“喏，不就在那儿，哪里也没去啊！”

秀才诧异道：“是他，这可奇怪了。按命理说来，你儿子和我儿子生辰时刻相同，八字也一样，理应也该是个秀才方是，怎么会……”

铁匠大笑：“什么秀才，这小子从小跟着我打铁，大字也识不得一个，拿什么去考秀才啊！”

老秀才至此方才大悟，生辰命理做不得准，处于不同环境的际遇，自然也大不相同矣。

这一则故事，提供给我们一个很好的思考方向，决定我们一生成就的重要因素，不是所谓的命运，而是每个人身处的环境。

命运的形成多半由于习惯的累积，而习惯则是持续的同一行为所养成的；行为是思想衍生的结果。所以，命运是可以改变的，此刻所面临的命运结局，是过去的思维模式造成的。

若想将来有更好的命运归宿，可以在现在调整思想的模式，使之往好的方向发展。

有好的思想，就能有好的行为表现；有了好的行为，便能养成好的习惯：好的习惯自然导致良好的命运结果，达到改变命运的目的。

另一项对成就影响巨大的因素，是环境的问题。而我们所处的环境，以个人的力量是难以改变的。

正如故事中秀才与铁匠儿子的际遇大不相同一样，我们知道，一个资质优秀的人，若身处于难以成功的环境中，其成就亦是有限；而一个平庸驽钝的平常人，却置身于成功者之间，且机会无穷，就算他自己想不成功都艰难。

环境对于一个人的影响至深至远，我们切勿等闲视之。更须时时不忘检查自己所处的周围环境，是否能够帮助我们成功，是否充满积极正面的力量，是否存在许多成功者足以带动我们。

环境虽然难以改变，却可以更换。如果您认为自己当下所处的环境无法提供您足以成功的帮助，建议您去寻找一个可以让自己成功的新环境，使自己的潜能得以激发，成功则必然可期。

如果有新创意，现在就去做

一定要让优柔寡断、犹豫不决从自己的生活中离开，才能实现从现在就开始做！

犹豫不决的人总是想等待好的时机，才去做事。实际上，这些人缺乏的就是马上开始的决心，因为“真该那么做，却没有那么做”常令许多人抱憾终生。如果你想成就大事，千万不能这样说：“有很多好计划没有实现。”这种人应该说“我现在就去做，得马上开始”的时候，却说“我将来有一天一定会做的。”

想不想写信给一个朋友？如果想，现在就去写。有没有想到一个对自己大有帮助的计划？如果有，马上就去实行。时时刻刻记着本杰明·富兰克林的话：“今天可以做完的事不要拖到明天。”这也就是俗话所说的，今日事今日毕。

如果你时时想到“现在”，就会完成许多事情；如果常想“将来有一天”或“将来什么时候”，那就必定一事无成。

五六年前，有个很有才气的教授想写一本传记，专门研究“几十年前一些让人议论纷纷的人物的轶事”。这个主题有趣又少见，真的很吸引人。

这位教授博学多闻，文笔又很生动，这个写作计划注定会替他赢得学术成就、名誉与财富。

一年后，一位朋友碰到他时，无意中提到他那本书是不是快要大功告成了。可是他非常惭愧地告诉朋友说，他根本就还没动笔。他犹豫了一下，好像正在考虑怎么解释才好。最后他说他太忙了，还有许多更重要的任务要完成，自然没有时间写了。他这么辩解，其实等于是把这个写作计划埋进坟墓里。他根本还没开始写，就已经担心写书是多么累人的工作，事情还没做就已经想好失败的理由。

具体可行的创意的确很重要，我们一定要有创造与改善任何事的创意。成功和那些缺乏创意的人永远无缘。但是你也不能曲解这一点的含义。

因为光有创意还不够，那种能使你获得更多笔生意或简化工作步骤的创意，只有在真正实施时才有价值。

每天都有数以千计的人把自己辛苦得来的新构想取消或否决掉，因为他们不敢执行。但过了一段时间之后，这些构想又会回来折磨他们。

所以，请记住下面两种想法：

第一，确实执行你的创意，以便发挥它的价值。不管创意有多好，除非真正身体力行，否则永远如同废话。

第二，实行时心里要平静。拿破仑·希尔认为，天下最悲哀的一句话就是“我当时真应该那么做，却没有那么做”。我们经常听到有人说：“如果我早几年就开始着手计划那笔生意，早就发财了！”或“我早就料到了，我好后悔当时没有做！”一个好创意如果胎死腹中，真的会叫人叹息不已，永远无法释怀。

你现在已经想到一个好创意了吗？如果有，现在就去做。

让意外变成惊喜的法则

伟大的生活基本原则都是包含在我们大多数人永远不会去注意的最普通的日常生活经验中，同样，真正的机会也经常藏匿在看来并不重要的生活琐事中。

你可以立刻去询问你所遇见的任何10个人，问他们为什么不能在他们所从事的行业中获得更大的成就，这10个人当中，至少有9个人将会告诉你，他们并未获得好机会。你可以对他们的行为做一整天的观察，以便对这9个人做更进一步的正确分析。我敢保证，你将会发现，他们在这一天的每个小时当中，正不知不觉地把自动来到他们面前的良好机会推掉了。

有一天，拿破仑·希尔站在一家商店出售手套的柜台前，和受雇于这家商店的一名年轻人聊天。他告诉拿破仑·希尔，他在这家商店服务已经4年了，但由于这家商店的“短视”，他的服务并未受到店方的赏识，因此，他目前正在寻找其他工作，准备跳槽。在他们谈话中间，有位顾客的走到他面前要求看看帽子。这位年轻店员对这名顾客的请求置之不理，一直继续和希尔谈话，虽然这名顾客已经显出不耐烦的神情，但他还是不理。最后，他把话说完了，才转身向那名顾客说：“这儿不是帽子专柜。”那名顾客又问，帽子专柜在什么地方。这位年轻人回答说：“你去问那边的管理员好了，他会告诉你怎么找到帽子专柜。”

4年多来，这位年轻人一直处于一个很好的机会中，但他却不知道。他本来可以和他所服务过的每个人结成好朋友，而这些人可以使他成为这家店里最有价值的人。因为这些人都会成为他的老顾客，而不断回来同他交易。他拒绝或忽视运用自制力，对顾客的咨询不搭不理，或是冷冷淡淡地随便回答一声就把好机会一个又一个地损失掉了。

某一个雨天的下午，有位老妇人走进匹兹堡的一家百货公司，漫无目的地在公司内闲逛，很显然是一副不打算买东西的态度。大多数的售货员只对她瞧上一眼，然后就自顾自地忙着整理货架上的商品，以避免这位老太太去麻烦他们。其中一位年轻的男店员看到了她，立刻主动地向她打招呼，很有礼貌地问她，是否有需要他服务的地方。这位老太太对他说，她只是进来躲雨，并不打算买任何东西。这位年轻人安慰她说，即使如此，她仍然很受欢迎。他主动和她聊天，以显示他确实欢迎她。当她离去时这名年轻人还陪她到街上，替她把伞撑开。这位老太太向这名年轻人要了一张名片，然后径自走开了。

后来，这位年轻人完全忘了这件事情。但是，有一天他突然被公司老板召到办公室，老板向他出示一封信，是位老太太写来的。这位老太太要求这家百货公司派一名销售员前往苏格兰，代表该公司接下装修一所豪华住宅的工作。这位老太太就是美国钢铁大王卡耐基的母亲，她也就是这位年轻店员在几个月前很有礼貌地护送到街上的那位老太太。在这封信中，卡耐基母亲特别指定这名年轻人代表公司去接受这项工作。这项工作的交易金额数目巨大。这名年轻人如果不是好心地招待这位不想买东西的老太太，那么，他将永远不会获得这个极佳的晋升机会了。

一夜成名的人在成名之前做了什么

只是在别人注意或老板在身边的时候才努力工作的人是永远无法到达成功巅峰的，因为最严格的表现标准应该是自己设定的，而不是由别人要求和提出的。

如果你对自己的期望比主管对你的期望更高，那么你就无须担心会失去这份工作。同样，如果你能达到自己设定的最高标准，那么你的快速成长必将指日可待。

我们经常会发现一些一夜成名的人，其实在成名之前，这些人早已默默无闻地拼搏了很久。

成长是一种累积。不论哪种行业，想攀上顶峰，通常都需要漫长时间的努力和精心的规划。如果想登上成功的巅峰，你就得永远保持自动自发的精神，在快速成长中耐心等待更高的人生回报。当你养成这种自动自发的习惯时，你就有可能成为出色的人。那些出色的人是因为他们以行动证明了自己勇于承担责任和值得信赖。

成就大业的人和凡事得过且过的人最根本的区别在于，成功者懂得为自己的行为负责，得过且过者只知道讨好别人和机械地主完成目标，他们对自己的所作所为不愿承担任何责任。

大部分工作其实很简单，不过在那些优秀的人看来，这些工作却能潜移默化地给予他宝贵的经验。无论在什么样的工作环境中，也不管从事何种档次的工作，他们都可以学会不少东西。

如果你在每一项工作中都深信这一点，那么你的生活自然会好起来。

从今天开始，从现在的工作开始，而不必等到遥远的、未来的某一天，你找到理想的工作再去行动。自动自发的人通常能随时准备把握机会，展现超乎他人要求的工作表现。他们拥有足够的以目标为导向、不惜打破常规的智慧和判断力。他们工作的最终目标不仅仅是公司和主管的目标要求，而是他心中的最好。

优秀的管理者不仅是公司战略目标的执行机器，还是努力培养员工主动性、培养员工自尊心的教练。员工主动性的高低往往会影响工作时的表现。那些工作主动性较差的员工，避免犯错、墨守成规，凡事只求忠诚公司规则，主管没让做的事，绝不会插手；而那些工作主动性较高的员工，则勇于负责，有独立思考能力，必要时会发挥创意，很出色地完成任务。

什么是自动自发？自动自发就是没有人要求和强迫你，自觉而出色地做好自己的事。自动自发的人对待工作是勤奋的，对待老板是忠诚的，对待公司是敬业的，对待自己是负责的。

一个人失败的主要原因是什么

如果一个人凭着自己的良好品性，能让他人在心里暗自佩服他、认同他、信任他，那么这个人就等于拥有了成功的优势。但是，真正懂得如何获取别人信任的人少之又少。大多数的人都在无意之中为自己迈向成功的路上设置了一些阻碍，比如有些人态度不好，有些人缺乏机智，有些人则不善待人接物，这些做法常常使一些有意和他深交的人感到失望。

任何人都应该努力打造自己良好的名誉，使人们都愿意与你深交，愿意竭尽心力来帮助你。一个明智的商人，不仅要有经商的交际手腕，为人也要十分诚实和坦率，做决策时更要有坚定而迅速的决断力。

许多银行在贷款的时候都非常有眼光，他们对那些资本雄厚，但品行不好、不值得人信任的人，绝不会贷给他一分钱。但面对那些资本虽不多，但肯吃苦耐劳、小心谨慎、时时把握商机的人，他们则愿意慷慨相助。银行信贷部的职员们在每次贷出一笔款项之前，一定会对申请人的信用状况做一番深入调查：对方公司的营运状况是否稳定、对方个性沉稳内敛还是好大喜功，必须认定对方确实很可靠，没有问题时，他们才肯贷出款项。

任何人都应该懂得："人格是一生最重要的筹码。"倘若让自己的信用破产，就等于典当了自己的人格。

一个人的习惯会影响他的品格，进而影响其日后的发展。有些年轻人原本品行十分受人赞赏，但因为沾染上恶习，致使他没有出头之日。很多年轻人一开始很不注意自己的言行，觉得那只是小事。但是，久而久之，他可能会因为一些恶习而遭人排挤，等他发现时才感到懊恼不已，但是，这时的懊悔又有什么用呢？

有志向的年轻人，为了自己的前途，无论如何都要抵制不良的诱惑，在任何诱惑面前都要坚定决心、不为所动。要善于自我克制，不饮酒、不赌博、不弄虚作假、不因为毫无意义的花费而举债，进行的娱乐项目应该是正面而有意义的。否则，只要稍动邪念，就能轻而易举地毁掉自己努力建立的信用和品格。如果仔细分析一个人失败的原因，就会发现多半是因为那人有着种种不良的习惯，驱使他一步步走向罪恶。

一个人一旦失信于人一次，别人下次就再也不愿意和他亲近或有金钱上的往来了。别人宁愿去找信用可靠的人，也不愿再找他，因为他的不守信用会惹出许多麻烦来。

一般来说，最容易成功的人往往不是那些才华洋溢的人，而是那些最能以亲切和蔼的态度使人留下好印象的人。通常，教师认为最有前途的学生往往是那些最能博得他欢心的孩子；老板最满意的职员，也是那些与自己最投缘的人。

人们仿佛皆是如此认为：如果有人能使我们感到高兴，即使事情的发展与我们的心愿稍有违背，也不太要紧。

想要成就任何事业都必须持之以恒，要获得别人的信任同样如此。千万不要今天装了一天笑脸，明天又故态复萌，显露出粗俗急躁的本性。这样，不但绝对难以获得人们的信任，而且还会让人觉得你是个虚伪的人。

大部分生活败将最喜欢干什么

要做生活的主人，不当败将，就少去抱怨，多多思考，多行动，多去解决问题。

一个人的妻子喜欢妒忌别人，且吝啬又喜欢吵架，他十分后悔娶了这样的妻子，但又无计可施。

妻子对什么都不满意，没有一件事能如她的意，她不是嫌这个起得晚，就是说那个上床太早，说黑不是，说白也不行，要么又找出别的什么事来。奴仆都憋着一肚子火，丈夫也忍无可忍。

“先生什么事都不管，先生花钱如流水，先生又要出去，先生总在家休息。”她整日里唠唠叨叨没个完，以至丈夫对家里这个“丧门星”实在没辙了，索性把她打发到乡下娘家去了。并让她和饲养火鸡的女仆菲莉、养猪的小娃天天待在一起。过了一段时间，丈夫想，妻子的脾气可能有所好转了，就去乡下把她接回城来。

“哎，你在那里干些什么？你每天是如何过的？对乡下淳朴的民风习惯不习惯？”

“凑合吧，”妻子答道，“只是看到那里的人比家里的人更懒，我心里就犯堵，他们一点儿也不关心自家的牲畜，我没少给他们提意见。对于那些不把事情放在心上的人，我都得罪完了。”

“唉呀，太太，”丈夫生气地说，“假如你这样好惹是生非，连那傍晚才回家和你见面的人都认为你讨厌，那么那些整日看你对他们大发脾气的奴仆又如何生活下去呢？我这个整日与你相伴的丈夫又该如何是好？你还是回乡下去吧，除非在我有生之年有想接你回来的意愿，要不我们就甭想再在一起！当然，为了惩罚我的罪过，说不定在我死后到了阴间，又遇上两个像你这样的女人时刻不离我的左右，那就糟了！”

喜欢抱怨的人，大部分是生活中的败将。他们勤于批评别人，却拙于检讨自己。一碰到不如意的事，他们不懂得自省、自悟，却把不如意归咎于别人的过错。于是日积月累，他们自视越高，在生活上却失败得越惨！

一旦抱怨成了习惯，我们将成为一个睁眼的瞎子——目中无人，这时我们还有修身养性、百尺竿头更进一步的能力吗？

什么时候我们学会以谦虚、严格的态度来待人律己，我们才能深刻体悟人生。

别再抱怨，让我们随时以此警示自己，从今天起。

为什么成功者总是比别人幸运

初春的一天，一位肉食加工公司的老板正躺在沙发上看报纸，突然，一则短讯让他双眼圆睁："B地将流行猪疫。"这位老板立刻推测，如果B地有猪疫，必定从A地和C地传入D地，而这两个地方又是肉食供应的主要基地。这两地一旦猪疫盛行，那么肉类供应必定紧张。

在证实了这个消息的可靠性之后，这位老板倾囊购买两地的生猪和牛肉，并及时运往目的地。不出所料，从B地传来的瘟疫蔓延到好几个地方。政府立即严禁这些地方的食品外运。于是，肉类价格暴涨，肉类奇缺。这位老板数月内净赚一大笔，一时占尽风光。

这位老板的成功很好地解释了这样一些问题，即：为什么有的人总能得到比别人更多的机遇？为什么面对同样的机遇有人成功了，有人却失败了？为什么有些资质不好的人却能得到命运的垂青，有些天资甚佳者却最终碌碌无为？为什么成功者总显得比别人幸运？等等。这些问题的答案其实都可归结为一句话，那就是：机遇只偏爱那些为了事业的成功做了最充分准备的人。换句话说，只有在"万事俱备"的情况下，东风才显得珍贵和富有价值。

从某种意义上讲，机遇是被人创造出来的，是人的主观能动性和外界环境变化的客观必然性的结合。主观方面条件的增强会影响到客观环境的变化，使好的机遇更容易产生。同样，当一定的客观机遇已经出现后，那些不断努力提高自身素质的人则要较之常人更容易接近和抓住这些机遇。

许多成大事者就是创造机遇的高手，他们总是在努力，总是在奋斗，开始时他们是在找寻机遇，而一旦当他们自身的实力积累到一定的程度时，机遇便会自动登门拜访。而且，随着他们自身才能的不断提高，知名度的不断增加，其所面临的发展机遇也会相应地有质和量的提高。可以说，没有他们的主观努力，就不会有这么多的良好机遇。从这个角度来说，机遇是那些有准备的人创造出来的，是对其努力的一种肯定和回报。

如果机遇可被每个人轻而易举地得到，那么这种机遇便显得没有多少价值了。事实上，机遇往往是一种稀缺的、条件苛刻的社会资源，要得到它，必须付出相当的代价和成本，必须具备相应的足以胜任的资格，而这一切都离不开长期艰苦的准备，有准备的人自然能捷足先登。

这就是机遇为什么更偏爱有准备的人的原因。

成大事的人之所以能够获得命运的青睐，是因为他们能在机遇来临之时能牢牢地抓住机遇，更是因为他们在机遇来临之前进行了更为漫长和充分的准备。他们就像一颗颗充满活力的种子，在黑暗的泥土中蓄积营养和能量，一旦听到春风的呼唤，便破土而出，长成挺拔俊秀的栋梁之材。

百折不挠的毅力，是成功人生的必备条件

冠军永远都是那些百折不挠、被打倒了还会再爬起来的人。一次、两次不成，就再试几次。能不能成功，全看你能否坚持到底。多数人没有达到目标，原因就在于不能坚持。百折不挠的毅力，才是成功人生的必备条件。

人一生不可能常处顺境，有时候你会被三击出局，只要你继续参加比赛，总会击出让你满意的成绩。

悲观无能的人通常会自以为是自作聪明。他们经常会满怀歉意地说："噢，这事我办不到""这对我太难了""我不可能成为这样的人"。他们真正的意思是，那不是我的责任，再说我也不具备那个能力，因此犯不着那么辛苦的竭力奋斗。

相反地，健全而快乐的人洞悉世情、自知甚深。他们了解人非圣贤，孰能无过。他们知道偶然的挫败乃是人之常情。为这样的事过分自责，未免浪费精力，不如把宝贵的精力投注在追求尝试下一次的进攻上。

世界上已经寻获的钻石当中最大最纯的一颗名为"自由者"的钻石，就是一位名叫索拉诺的委内瑞拉人在挑选了999999颗普通石头的最后一次弯腰拾起的"鹅卵石"。

我们多数人常犯的毛病，就是不肯再试几次。

林肯失业后，他很伤心，但他下决心要当政治家，当州议员，糟糕的是他竞选失败了。在一年里遭受两次打击，这对他来说无疑是痛苦的。他着手自己开办企业，可一年不到，这家企业又倒闭了。

在以后的17年间，他不得不为偿还企业倒闭时所欠的债务而到处奔波，历尽磨难。他再一次决定参加竞选州议员，这次他成功了。他内心萌发了一丝希望，认为自己的生活有了转机："可能我可以成功了！"

林肯订婚了，但离结婚还差几个月的时候，未婚妻不幸去世。这对他精神上的打击实在太大了，他心力交瘁，数月卧床不起。他还得过神经衰弱症。他觉得身体状况良好，于是决定竞选州议会议长，可他失败了。后来他又参加竞选美国国会议员，但这次仍然没有成功。

他虽然一次次地尝试，但却是一次次地遭受失败：企业倒闭、情人去世、竞选败北。要是你碰到这一切，你会不会放弃——放弃这些对你来说重要的事情？他没有放弃。

接着他又一次参加竞选国会议员，最后终于当选了。两年任期很快过去了，他决定争取连任。他认为自己作为国会议员的表现是出色的，相信选民会继续选举他。但结果很遗憾，他落选了。

因为这次竞选他赔了一大笔钱，他申请当本州的土地官员。

但州政府把他的申请退了回来，上面指出：“做本州的土地官员要有卓越的才能和超常的智力，你的申请未能满足这些要求。”

接连又是两次失败。然而，他没有服输。接下来他竞选参议员，但失败了；两年后他竞选美国副总统提名，结果被对手击败；又过了两年，他再一次竞选参议员，还是失败了。

在林肯大半生的奋斗和进取中，有9次失败，只有3次成功，而第三次成功就是当选为美国的第16届总统。

屡次的失败并没有动摇他坚定的信念，而是起到了激励和鞭策的作用。

每个人都难免要遇到挫折和失败，林肯面对失败没有退却、没有逃跑，他坚持着、奋斗着。他始终有充分的信心向命运挑战，压根就没想过要放弃努力，他可以畏缩不前，不过他没有退却，所以迎来了辉煌的人生。

失败作用于人的两种途径

不抛弃的人，不会因为一时的失败和挫折就失去对事业的信心，他在追求事业的过程中，不怕坎坷，敢做一个打不垮的人。

美国历史上的百货大王梅西年轻时出过海，以后开了一家小杂铺，卖些针线。铺子很快就倒闭了。一年后他另开了一家杂货铺，仍以失败告终。在淘金热席卷美国时，梅西开了个小饭馆，本以为供应淘金客膳食是稳赚不赔的买卖，岂料多数淘金者一无所获，什么也买不起，这样一来，小铺又倒闭了。

后来，梅西满怀信心地干起了布匹服务生意，可是这一回他不只是倒闭，简直是彻底破产，赔了个精光。不死心的梅西又做起了布匹服务生意。这一回他时来运转了，买卖做得很灵活，甚至把生意做到了街上商店。

由头一天开张时账面上收入只有10美元，到现在位于曼哈顿中心地区的大商店，梅西公司已经成为世界上最大的百货商店之一了。

另一个饱尝失败滋味的零售商是彭尼。

彭尼高中毕业后在一家布匹服装店当了11个月的小伙计。彭尼的身体不好，医生劝他到户外活动活动。于是彭尼干起了零售商的行当，他把历年所得全投进了一家小肉铺。

肉铺的最大主顾是当地一家旅馆。这旅馆的厨头兼采买是个嗜酒如命的人。一天他跟年轻的彭尼说，以后只要彭尼每星期白送他一瓶酒，他就把这个旅馆的生意包给彭尼做。彭尼不干，认为这是贿赂。于是他们之间的生意从此断绝，彭尼的小店也开不下去了。

不得已，彭尼只好再去当地一家布匹服装店当店员。他以行动和言词说服了这家店的两名店主，让他当第三名合伙人，即由他出一笔钱，加上原店的部分存货，由他单独去经营一个新店。这个主意就是联营最初的思路。过了几年，彭尼开始了他自豪的联营商店生意。他允许雇员享有自己从前曾经享有的机会。

彭尼的联营商店发展到34家时，彭尼公司诞生了。如今，这家公司已拥有2600家分店。此外，它还涉足银行、信贷和电子业。

通向成功之路并非一帆风顺，有失才有得，有大失也可能有大得，没有面对失败考验的心理准备，闯不了多久就要走回头路了。

失败是测定个人软弱度的最好“装置”，而且它会随之提供克服弱点的机会，在这个意义上，失败又成了一种“幸运”。

失败作用于人的途径不外乎下列两种：

它作为对更大努力要求的挑战；

它冲击个人再试一次的勇气。

大多数人都是在失败的信号来临时便放弃希望，止步不前，甚至一点征兆都没有就已灰心丧气。而且，有很多人在受到一次失败的打击后便丢盔弃甲。杰出的人物就不是这样，他们总是在失败之后，依旧坚持，不抛弃，鼓起更大的热情和干劲。

如果在连续12次失败之后一个人还跃跃欲试，这说明，成功的种子已经在他的心田里发芽成长，只要给予它希望与信心的阳光雨露，就可望硕果累累。

看不到希望，就激发不出动力

看不到将来的希望，就激发不出现在的动力，消极态度会摧毁人们的信心，使希望泯灭。消极态度就像一剂慢性毒药，吃了这副药的人会慢慢地变得意志消沉，失去任何动力，成功就会离消极态度的人越来越远。

拿破仑·希尔讲过一匹赛马的故事。

约翰·格里尔是一匹著名的良种赛马，它曾经取得过许多次赛马比赛的好成绩。它被认为是1902年7月的比赛中的种子选手。事实上，它的确是很有希望获胜的，它被精心地照料、训练并被广告宣传为唯一能击败在任何时候都占优势的“战斗者”的赛马。1902年7月在阿奎德市举行的德维尔奖品赛中，这两匹马终于相遇了。那天是一个极为庄严隆重的日子，起跑点万众瞩目。当这两匹马沿着跑道并列奔跑时，人们都清楚“格里尔”是在同“战斗者”作殊死的搏斗。跑了1/4的路程，它们不分高低，跑了一半的路程，跑了3/4的路程，它们仍然不分高低。

在仅剩1/8的路程的地方，它们似乎还是齐头并进。然而就在这时，“格里尔”使劲向前窜去，跑到了前面。这时是“战斗者”骑手的危急关头，他在赛马生涯中第一次用皮鞭持续地抽打着坐骑。“战斗者”的反应是这位骑手似乎在放火烧它的尾巴，它就猛冲到前面，同“格里尔”拉开距离，相比之下“格里尔”好像静静地站在那儿一样。比赛结束时，“战斗者”比“格里尔”领先七个身长。

“格里尔”原本是一匹精神昂扬的马，是一匹很有希望的马。但是这次经历却把它打败了，将它的隐形护身符从积极翻到了消极的一面，从此消极、悲观、一蹶不振。后来它在一切比赛中都只是应付一下，终于没再获胜。

人虽然不是赛马，但是有格里尔精神的人却大有人在，他们也像格里尔一样，曾经有过辉煌的时刻，但是他们一遇到挫折，他们的护身符就由积极态度翻到消极那一面，他们悲观、失望，看不到希望的灯火，从此一败涂地。

持有消极态度的人，对将来总是感到失望，在他们的眼中，玻璃杯永远不是半满的而是半空的。消极心态不仅会产生两种主要后果，而且消极心态还具有传染性。俗话说，“物以类聚，人以群分”。聚在一起的人会互相影响，逐渐靠拢而变成一个样。

人们大概注意到结婚多年的夫妇行为逐渐变得一样，甚至连外貌也相似，而心态的同化是最明显不过的。跟消极心态者相处得久了，你就会受他的影响。接触消极心态者就像接触到原子辐射，如果辐射量小，时间短，你还能活，但持续辐射就要命了。

另外消极心态还限制了人的潜能。

一个人的行为方式，不可能永远与他的自我评价相脱节，消极心态者不但能想到外部世界最坏的一面，而且总想到自己最坏的一面，他们不敢企求，所以往往收获更少，遇到个新观念，他们的反应往往是："这是行不通的，从前没有这么干过。没有这主意不也过得很好吗？这风险冒不得，现在条件还不成熟，这并非我们的责任。"

人们相信会有什么结果，就可能有什么结果。人不可能取得他自己并不追求的成就。人不相信他能达到的成就，他便不会去争取。当一个消极心态者对自己不抱很大期望时，他就会给自己取得成功的能力"嘭"的一声封了顶。他成了自己潜能的最大敌人。

综上所述，消极态度是失败，是颓废、消极的源泉。要想办法遏制这股暗流，不要让你错误的心态使你成为一个失败者。

继母的一句话改变了拿破仑·希尔的一生

一个把拿破仑·希尔推向成功之路的重要因素，就是他继母的热忱。

拿破仑·希尔在他的书中这样说：

在我9岁的时候，我的父亲便娶继母进门。当时我们是居住在弗吉尼亚州乡下的贫苦人家，而她则来自较好的家庭。

我的父亲一边向她介绍我，一边说："我希望你注意这个全郡最坏的男孩，他可能会在明天早晨以前就拿石头扔你。"

我的继母走到我面前，托起我的头看着我，接着她看着我的父亲说："你错了，这不是全郡最坏的男孩，而是最聪明，但还没有找到地方发泄热忱的男孩。"

我们就凭着她这一段话而开始建立友谊，也就是这段友谊，使我创造了成功的17项原则，并将这些原则的影响力发扬光大，在她来之前没有人称赞过我聪明。我的父亲和邻居们都认定我是坏男孩，而我也真的表现一些坏行为给他们看，但是我的继母就只说了那一句话，便改变了一切。

她还改变了许多事情，她鼓励我的父亲去念牙医学校，而我父亲也从那所学校光荣毕业。她把我们家迁到郡府所在地，以便父亲的牙科诊所在那里会有较好的生意。而我和兄弟也可接受较好的教育。我的父亲最初反对这些建议，但最后还是屈服在她的热忱之下。

当我14岁时，她给我一部二手打字机，并且告诉我她相信我会成为一位作家。我了解她的热忱，而我也很欣赏她的那股热忱，我亲眼看到她的那股热忱是如何改善我们的家庭生活。我接受她的想法，并开始向当地的一家报社投稿。当我去问卡耐基并且接受他的委托时，我仍然从事写作的工作。我继母的热忱，不但使我有能力抓住这个机会，同时也给了我完成卡耐基所托付的任务的自信和热忱。

我不是唯一得到我继母恩惠的人，我的父亲最后成为城里最富裕的人，而我的兄弟之中有一位物理学家、牙医师、律师和一位大学校长。

热忱的力量真的很大！当这股力量被释放出来支持明确目标，并不断用信心补充它的能量时，它便会形成一股不可抗拒的力量，并足以克服一切贫穷和不如意。

你可以将这股力量传给任何需要它的人，这恐怕是你能够动用热忱所做的最伟大的工作了。

激发他人的想象力，激励他们的创造力，帮助他们和无穷智慧发生联系。

拿破仑·希尔说：

培养、展现和分享热忱，是成功学背后精神原则的完美表现。当你以热忱完成你的工作时，就是更进一步的表现，你已在你的周围创造出成功的意识，而此一成功意识无可避免会对他人造成更好的影响。

如果你在这个世界上付出的热忱越多，就越能得到你想得到的东西。

哈佛大学关于人生目标调查的一个著名实验

有什么样的目标，就有什么样的人生。这是真谛，也是无数人证明过的公理。

对于一个正在发展中的人来说，你今天站在哪个位置并不重要，但你下一步迈向哪里却很关键。

我们都不能延长生命的长度，但却可以扩展生命的宽度。

或许你觉得现在的地位是多么卑微，或者从事的工作是多么的微不足道，但是只要你强烈地渴望攀登成功的巅峰，并愿意为此付出艰辛的努力，那么总有一天你会喜笑颜开，如愿以偿。

在任何年代，任何国家，社会结构都接近一种金字塔状。大量的人处在金字塔的底部，只有一小部分人处在金字塔的顶部。处在底层的人们每天辛辛苦苦地工作，但却只能勉强维持自己的生活。而处在塔顶的人则是蒸蒸日上，发展前途不可限量。大量的人只能做普通的工作，有普通的收入，少数人在高层做决断，享受财富。然而人们往往忽视了，这些身处顶端的人，曾经也处在底部，是一个默默无闻的小职员，他们一步一步地攀上了金字塔的顶部。

为什么偏偏是他们达到了众人瞩目的高度呢？

上帝对每个人都是公平的，希尔顿、洛克菲勒并不比任何人拥有更多的时间，那么他们的成就又从何而来？差距就在于眼光的高度，在于人生的目标！

绝大多数人的一生都在平庸中度过，尽管他们并非像想象中那样懒惰闲散、好逸恶劳，甚至好吃懒做，他们中间的很多人甚至是勤勤恳恳的，但是他们只能扮演无足轻重的次要角色，其根本原因在于他们缺乏真正的内动力。社会的要求，别人的约束，使他们对待本职工作还算尽职尽责，但是他们却很少去想怎样才能够让自己的人生有翻天覆地的变化。也就是说，生活中的大多数人，都是没有目标的人。一个没有目标的人，又怎么能够做到优秀，做到成功呢？

哈佛大学曾做过一个著名的实验：

在一群智力与年龄都相近的青年中进行了一次关于人生目标的调查，结果发现：3%的人有十分清晰的长远目标；10%的人有清晰但比较短期的目标；60%的人只有一些模糊的目标；27%的人根本没有目标。

25年后，哈佛大学再次对他们做了跟踪调查，结果令人十分吃惊！

那3%的人全部成了社会各界的精英，行业领袖；那10%的人都是各专业各领域的成功人士，生活在社会的中上层，事业有成；那60%的人大部分生活在社会中下层，胸无大志，事业平平；那27%的人过得很不如意，工作不稳定，入不敷出，常常抱怨社会，抱怨政府，怨天尤人。

如果我们回溯历史，就会更加明显地感受到这个道理。成就，永远是由那些拥有崇高志向的人创造的。像莱特兄弟一样伟大的发明家，或者像曼德拉这样的社会改革家，他们都以追求卓越为自己的终身目标，是目标将他们推升到金字塔的顶部。

挡住年轻人前进步伐的，不是贫穷或者困苦的生活环境，而是内心对自己的怀疑。如果有了坚定不移的目标，即使贫穷到买不起一本书，仍然可以通过借阅来获得知识。我们无法想象一个胸无大志的人会创造一番业绩，我们也同样无法想象一个像林肯、威尔逊或李嘉诚一样的人，会埋没在茫茫人海中。他们经历过一次次的失败，但是因为有梦想，从不放弃努力。梦想，造就了他们强烈的内动力，也造就了他们成功的人生。

为什么许多人忙忙碌碌却只能维持生计

为什么有些人比其他的人更成功，他们赚很多的钱，拥有良好的人脉关系，拥有健康的身体，整天快快乐乐，而许多人忙忙碌碌地劳作却只能维持生计?

有两位年届70岁的老大爷，一位认为到了这个年纪已经走到了人生的尽头，便开始料理后事；另一位却认为一个人能做什么事不在于年龄的大小，而在于有什么样的想法。于是，他在70岁高龄之际开始学习登山。

70岁开始学习登山，这是一大奇迹，但奇迹是由人创造出来的。成功人士的首要标志，是他思考问题的方法。一个人如果是个积极思维者，喜欢接受挑战和应对麻烦事，那他就成功了一半。这位老人的壮举正验证了这一点。

一个人能否成功，就看他的态度了。成功人士与失败者之间的差别是：成功人士始终用最积极的态度、最乐观的精神支配和控制自己的人生。失败者则相反，他们的人生不断地受到过去的种种失败与疑虑的影响。

从前，在一个贫穷的乡村里，住着两兄弟。他们受不了穷困的环境，决定离开家乡，到外面去谋发展。于是，兄弟俩都去了异乡。大哥好像幸运些，他到了富庶的城市，弟弟却到了相对贫穷的城市。

40年后，兄弟俩幸运地聚在一起。今日的他们，已今非昔比了。哥哥拥有两间餐馆、两间洗衣店和一间杂货铺，而且子孙满堂，有的做生意，有的成为杰出的工程师或电脑科技人才。弟弟则成了一位享誉世界的集团总裁，拥有相当数量的企业。经过几十年的努力，他们都取得了成功。但为什么兄弟俩在事业上的成就，却有如此大的差别呢?

兄弟相聚，不免谈谈分别以来的遭遇。哥哥说，我到了市场经济的社会，既然没有什么特别的才干，唯有用一双手煮饭给别人吃，为他们洗衣服。

总之，其他人不肯做的工作，我统统顶上了，生活是没有问题的，但事业却不敢奢望了。

例如，我的子孙，书虽然读得不少，也不敢妄想，只有安分守己地去做一些技术性的工作来谋生。至于要进入上层社会，相信很难办到。

看到弟弟如此成功，哥哥不免羡慕弟弟。弟弟却说："我初来的时候，做些低贱的工作，但发现当地的人有些是观念比较落后和懒散的，于是便以勤劳和智慧开始了自己的事业，慢慢地不断收购和扩张，生意便逐渐做大了。"

真实的故事告诉我们：影响人生的绝不仅仅是环境，心态控制了个人的行动和思想。同时，心态也决定了自己的视野、事业和成就。

有些人总喜欢说，他们现在的境况是别人造成的。这些人常说他们的想法无法改变。但是，我们的境况不是周围环境造成的。说到底，如何看待人生、把握人生是由我们自己的心态决定的，心态是真正的主人。

信任能让你身边出现奇迹

世界上如果没有信任，一切亲情、友情、爱情都将失去存在的基础，每个角落都是尔虞我诈的欺骗，社会将毫无秩序可言。信任是最好的支持，它是对人性的肯定，它对人的帮助在于心理道义上的重建，其意义超过了利益的支援。

在一个小镇上有一个出名的地痞，整日游手好闲，酗酒闹事，人们见到他惟恐躲避不及。一天，他醉酒后失手打死了前来讨债的债主，被判刑入狱。

入狱后的地痞幡然悔悟，对以往的言行深深感到懊悔。一次，他协助监狱制止了一次犯人的集体越狱事件，获得减刑的机会。

从监狱中出来后，回到小镇上重新做人。他先是找地方打工赚钱，结果全被拒绝。这些老板全都曾经遭受过他的敲诈，谁也不敢让他来工作。食不果腹的他又来到亲朋好友家借钱，遭到的都是一双双不相信的目光，他那刚充满希望的心，开始滑向失望的边缘。这时，镇长听说了，就取出了100美元送给他，他接钱时没有显出过分的激动，平静地看了镇长一眼后，消失在镇口的小路上。

数年后，地痞从外地归来。他靠100美元起家，苦命拼搏，终于成了一个腰缠万贯的富翁，不仅还清了亲朋好友的旧账，还领回来一个漂亮的妻子。他来到镇长家恭恭敬敬地捧上了200美元，然后说道："谢谢您！"

事后，费解的人们问镇长，当初为什么相信他日后能够还上100美元，他可是出了名的借款不还的地痞。

镇长笑了笑，说："我从他借钱的眼神中，相信他不会欺骗我，我那样做是让他感受到社会和生活不会对他冷酷和遗弃。"

就这样，信任拯救了一个即将走向极端的人。

信任别人，归根结底就是信任自己的判断。只有非常自信的人，才能给予别人非常的信任。

信别人就是信自己，这是推己及人的道理，信任不值得信任的人，会改变这个人，使他值得信任；信任值得信任的人，会使这个人更加值得信任。这就是善花结善果。

信任是伸向失望的一双手，一个小小的动作能改变一个人的一生，把信任撒向世界的每一个角落吧，说不定在你的身边会出现一个奇迹。

不断的精进，才不会落败

你将如何在5年内赚进500万美元

你时常坐在座位上，想象着自己赚很多钱的画面吗?

月薪想赚多少，这个问题每个人心中都有个答案。问题是：你凭什么赚更多钱?想赚到你想赚到的那个数，就要先检查一下自己的合作心态是否正确：你是否感觉领导总在管着自己?你是否认为下班晚自己就吃亏了?你是否认为公司给自己定的工资太低了?你是否总感觉同事都不干活就自己在忙?你是否不好意思告诉朋友自己收入多少……

以上问题如果回答超过两个“是”，那么看来你已经很难实现自己心中的那个月薪要求了。因为，你如此糟糕的合作心态是不会让你实现自己的月薪目标的。

如果你真的热切渴望拥有钱，你的渴望就会变成魂牵梦萦的迫切企求。

到一处幽静不受干扰的地方去，闭上眼睛，大声说出你的金钱告白，念出你意欲累积的金钱额度、累积的时限，并叙述你以为交换金钱的商品或服务——设想自己已经完全拥有这笔金钱。

例如：假定你打算在五年内赚进500万美元，你决定以业务员的身份提供个人服务用以交换。你的书面目标宣言就可以写成如下：

“在20××年1月1日以前，我要拥有500万美元，这笔钱要在这段时间陆续进账。为了得到这笔钱，我将竭尽自己所能，提供最有效率的服务，以一名××业务员的能力，提供质量最佳、尽善尽美的服务（……讲述你想销售的商品或服务……）。我相信我将拥有这笔钱。我的信心强烈到我可以看得见这些钞票就在眼前。我可以亲手触及这些钱。现在这笔钱正等着转账过户给我，并且和我所提供来交换金钱的服务成固定比例。我正静候着累积这笔钱的计划，而且，我将在接受计划的同时，遵照计划行事。”

早晚重演这个情节，直到你的脑海中看得见想要的这笔钱为止。把自己的书面宣言贴在早晚看得见的地方，并且每早起床、每晚临睡前诵读一次，直到已经记住为止。

切记，执行这些指示的时候，你是在运用自我暗示的原理，目的是为了下达命令给你的潜意识。也要记住，潜意识只会接受带有感情的指示，所以传达讯息的时候，要“有情有感”。

任何事情，只要你相信，你就能看见。

我们为什么要时刻提醒自己去奋斗

企图心说白了就是野心。但在许多人眼中这些名词往往被贬为庸俗甚至是恶魔，那是因为人们只看到了企图心所作出的坏事，而忽视了企图心所带来的追求成功的支持力。企图心本身并没有错或对，错或对的标准只在于你所追求的目标是什么，只要你所追求的东西是正常的，那拥有一份强烈的企图心对自己就是一件好事。

人的思考是源于某种心理力量的支持。一个连内心都懒洋洋的人，即使他有什么愿望，这些愿望对他来说也永远只能是漂浮的肥皂泡，甚至连肥皂泡都不算，因为愿望对他并没有什么美好的诱惑力，他也就丝毫没有力量去思考达到愿望的详细步骤。

当人有了某种愿望后，就要去渴望达到或追求实现这些愿望，而不要总是找理由来打击自己的企图心。但有一点是必要的，这种愿望在你的心中必须是意识所能接纳的，是美好的。

很多人在陌生的城市中打拼了几年，或者在学校里郁闷了多年，发现自己没有了激情和目标。生活中除了无聊和郁闷，似乎没有别的色彩了。看着别人的成功也觉得无所谓了，麻木了。虽然几年前还是那么的艳羡，似乎还有个崇拜的偶像，还有自己的理想和抱负，但现在什么感觉都没有了。每天的生活就是麻木地工作、闲聊、发呆、看无聊的电视或沉迷于网络，对自己不懂的东西已经没有任何好奇心了，甚至连十分钟都静不下心来读一本书。

整个人已经麻木了。心灵已荒如沼泽，人已形同枯槁。

如果这个人就是你，那你该醒醒了，该找回自己的企图心了！

有句话是这样讲的：如果你把箭对准月亮，那么你可以射中老鹰；但如果你把箭对准老鹰，你就只能射中兔子了。如果你在这么年轻、这么精力充沛的人生阶段是这种状态，那你一辈子只能捉兔子了，甚至连兔子也射不到，沦落到守株待兔的境地，一生中再也没有射中老鹰的臂力，甚至连这样的机会上帝都不会给你。如果你是这样的状态，并且打算这样持续下去，那你这一生就完了。

也许你并不是这么糟：你仍然有激情和憧憬，有欢笑和朋友，那么，就好好珍惜，塑造自己的企图心，开始奋斗吧！别等到你的这些激情和梦想损失殆尽的时候再枉自叹息，别等到风烛残年的时候再感叹不堪回首！

拥有成功的企图心你才可能成功。拥有一颗奔腾不息的企图心，会为你的生活创造一个孕育动力的落差，时刻提醒你去奋斗，引导你去奋斗；时刻让你与别人不同，让你能够充满激情地工作和生活；时刻给你憧憬和力量，让你备感使命的召唤；时刻为你点燃希望的烛火，让你在黑夜中不会迷失方向。

为什么要养成任劳任怨的习惯

如果你只是从事你报酬分内的工作，那么你将无法争取到人们对你的有利评价。但是，当你愿意从事超过你报酬价值的工作时，你的行动将会促使与你的工作有关的所有人对你做出良好的评价，将增加人们对你服务的要求。

卡洛道尼斯先生最初替汽车制造商杜兰特工作时，只是担任很低的职务。但他现在已是杜兰特先生的左右手，而且也是杜兰特手下一家汽车经销公司的总裁。他之所以能够升到这个很好的职位，是因为他提供了比他所获得的报酬更多更好的服务。

拿破仑·希尔前去访问道尼斯先生时，询问他是怎样如此迅速地获得晋升的，他以短短的一段话道出了整个过程。“当我刚去替杜兰特先生工作时，我注意到，每天下班后，所有的人都回家了，但杜兰特先生仍然留在办公室内，而且一直待到很晚。因此我也决定在下班后留在办公室内。没有人请我留下来，但我认为应该留下来，必要时可对杜兰特先生提供任何他所需的协助。

“因为他经常在寻找某个人替他把某公文拿来，或是替他做个重要服务，那么他随时都会发现，我正在那儿等待替他提供任何服务。他后来就养成了呼叫我的习惯；这就是整个事情的经过。”

杜兰特先生为什么会养成呼叫道尼斯先生的习惯？因为道尼斯自动地留在办公室使杜兰特先生随时可以看到他，让他为杜兰特先生提供服务。他这样做获得了报酬吗？是的，他所获得的报酬是获得一个很好的机会，使他自己获得了某个人注意，而这个人就是老板有提升他的绝对权力。

有十几个原因可以解释你为什么应该养成“任劳任怨，不计酬劳”的习惯，尽管事实上很少有人这样做。其中有两个原因是最主要的。

第一，你在建立了“任劳任怨不计酬劳”的好名声之后，将获得好处。因为和你四周那些未提供这种服务的人比较起来，你们之间的差别将十分明显，因此，不管你从事的是什么行业，将有很多人指名要接受你的服务。

第二，到目前为止这是你为什么应该任劳任怨、不计酬劳的最重要原因。也许可以这么说，假设你想要把你的右臂锻炼得十分强壮，那么你知道唯有利用它来做最辛苦的工作，若你不去使用你的右臂，让它长期休养，那么会使它变得虚弱而萎缩。

身处困境，与之奋斗能够产生力量，这是大自然永恒不变的一项法则。如果你做的工作比你所获得的报酬更多、更好，那么，你不仅表现了你乐于提供服务的美德，也因此发展了一种不寻常的技巧与能力，你将对你的工作胜任愉快，最后将产生足够的力量，使自己摆脱任何不利的生活环境。

通过学习取得快速成长的三点建议

认知自己的成长取向，只有自己变得更好时，生活才会变得更好。

以成长为取向的人渴望学习和实践新的理念、方法和策略。他们对新知识如饥似渴，就像海绵一样，从周围吸取他们能够吸取到的一切。

每个人都拥有一个很大的未开发的智能库，但很多人都从来没有充分利用过。我们完全有能力在比我们能够梦想到的更大的领域中学习并取得优秀成果。

21世纪属于全能的人，属于非常擅长于自己所从事的事业以及每一天都做得更好的人。要想获得更多报酬，就必须学会更多本领，增加更多的价值，不断提高让自己做出更大、更重要的贡献的能力。

无论你从事的是什么，成长取向将助于你登上专业领域的顶峰。为了自己的将来，把收入的3%投入到学习上。你在学习方面、在使自己快速成长方面每投资1元钱，你最终得到的回报可能就是10元、100元、1000元，甚至是10000元。

一位成功人士讲，花钱买一本书或听一位成功人士的有声读物一年内的回报是1000倍、2000倍，甚至是5000倍，个人的发展真的能够获得很大成功！

你就是自己最有价值的财产。只有不断地向大脑注入新知识，你才能拥有在更高层次上进行思考和工作的能力。

要让自己每年对大脑的投资与对汽车的投资一样多。如果你每年花在提高自己技巧和能力方面的金钱和花在维持汽车运转上的金钱一样多，你在一二年内可能就会变成同行业最有能力、收入最高的人。

以下是让你通过学习取得快速成长的三点建议：

每天针对你所在的专业领域阅读1个小时以上。通常在美国最高收入阶层人士，他们每天阅读2～3个小时。在他们看来，这样才可以保证紧跟形势和提高智力水平。

在乘车、运动时收听教育广播节目。收听教育广播节目，就相当于接受了全日制的大学教育。光是这个行动，就能够使你成为自己所在领域里最有见识、收入最高的人。

参加对你有帮助的课程和研讨会。也许它需要付很多费用或跑很远的路，但这些是100%值得的。因为，从那里你的思维定式和专业视角会发生翻天覆地的改变。

比尔·盖茨给现代经营者的忠告

很多人也有相同的状况，他们以为他们“被带去看”的地方就是他们一辈子必须待的地方，他们不明白，他们可以和其他人一样，享受许多同样的权利。成功是要寻访、要共享、要想办法接近的。

永远都不要忽视了自己的权利，在试图“控制命运”的时候，尤其如此！

20世纪初，有个爱尔兰家庭要移民美洲。他们非常穷困，于是辛苦工作，省吃俭用3年多，终于存钱买了去美洲的船票。当他们被带到甲板下睡觉的地方时，全家人以为整个旅程中他们都得待在甲板下，而他们也确实是这么做的，仅吃着自己带上船的少量的饼干充饥。

过了一天又一天，他们以充满嫉妒的眼光看着头等舱的旅客在甲板上吃着奢华的大餐。最后，当船快要停靠爱丽丝岛的时候，这家其中一个小孩生病了，做父亲的去找服务人员并且说：“先生，求求你，能不能赏我一些剩菜剩饭，好给我的小孩吃？”

服务人员回答说：“为什么这么问？这些餐点你们也可以吃

啊。”

“是吗？”这人回答说，“你的意思是说，整个航程里我们都可以吃得很好？”

“当然！”服务人员以惊讶的口吻说：“在整个航程里，这些餐点也供应给你和你的家人，你的船票只是决定你睡觉的地方，并没有决定你的用餐地点。”

想在变幻莫测的现代社会立足，只学会数学之类的书本知识是不够的；只简单地照搬别人的经验也不行。比尔·盖茨说：“现代经营者必须开动自己的大脑，寻求自己独到的竞争手段，才能在激烈的拼搏中取胜。”

想必你读过这样一个有趣的故事：

3个经济学家和3个数学家一同乘车旅游。3个数学家买了3张车票，而3个经济学家只买了1张车票。

数学家问：“你们3个人怎么可以只用1张火车票乘车呢？肯定要被罚款的！”经济学家笑而不语。

查票员进车厢查票了。3个经济学家一起躲进洗手间，当查票员查到洗手间门口时敲了敲门，说道：“请拿出车票。”卫生间的门仅仅打开了一道缝，从里面伸出一只胳膊，手里拿着1张车票。列车员拿了车票就继续到别的地方去了。

数学家们觉得这是个好办法，返回时3个数学家也只买了1张票，准备如法炮制，3个经济学家知道后却连1张车票也没有买。

“你们怎么1张车票也不买就能乘车呢？”迷惑不解的数学

家问道。“你们就等着瞧吧。”经济学家回答。

上车后，3位数学家看到查票员来了就躲进洗手间，很快听到了敲门声，数学家把买的1张票递了出去。过了一会又有人敲门，3位数学家拿不出票被追补票。原来，经济学家一看到数学家进入洗手间便敲门把数学家的1张票拿走了，然后3位经济学家机智地躲进另外一个洗手间。

别忘了明天要做的6件最重要的事

伯利恒钢铁公司总裁查理斯·舒瓦普曾会见效率专家艾维利。会见时，艾维利说自己的公司能帮助舒瓦普把他的钢铁公司管理得更好。舒瓦普承认他自己懂得如何管理但事实上公司不尽如人意。可是他说需要的不是更多知识，而是更多行动。他说："应该做什么，我们自己是清楚的。如果你能告诉我们如何更好地执行计划，我听你的，在合理范围之内价钱由你定。"

效率专家艾维利说可以在10分钟内给舒瓦普一样东西，这东西能把他公司的业绩提高至少50%。然后他递给舒瓦普一张空白纸，说："在这张纸上写下你明天要做的6件最重要的事。"过了一会又说："现在用数字标明每件事情对于你和你的公司的重要性次序。"这花了大约5分钟。艾维利接着说："现在把这张纸放进口袋。明天早上第1件事是把纸条拿出来，做第一项。不要看其他的，只看第一项。着手办第1件事，直至完成为止。然后用同样方法对待第二项、第三项……直到你下班为止。如果你只做完第5件事，那不要紧。你总是做着最重要的事情。"艾维利又说："每一天都要这样做。你对这种方法的价值深信不疑之后，叫你公司的人也这样干。这个试验你想做多久就做多久，然后给我寄支票来，你认为值多少就给我多少。”整个会见历时不到半个钟头。几个星期之后，舒瓦普给艾维利寄去一张2.5万元的支票，还有一封信。信上说从钱的观点看，那是他一生中最有价值的一课，后来有人说，5年之后，这个当年不为人知的小钢铁厂一跃而成为世界上最大的独立钢铁厂，艾维利提出的方法功不可没。这个方法还为查理斯·舒瓦普赚得1亿美元。

人们有个不按重要性顺序办事的倾向。多数人宁可做令人愉快或是方便的事。但是没有其他办法比按重要性办事更能有效利用时间了。试用这个方法一个月，你会见到令人惊讶的效果。人们会问，你从哪里得到那么多精力？但你知道，你并没有得到精力，你只是学会了把精力用在最需要的地方。

把一天的时间安排好，这对于你的成功是很关键的。这样你可以每时每刻集中精力处理要做的事。但把一周、一个月、一年的时间安排好，也是同样重要的。这样做给你一个整体方向，使你看到自己的宏图，有助于你达到目的。每个月开始，都坐下来看本月的日历和主要任务表。然后把这些任务填入日历中，再定出一个进度表。自从这样做之后，你就不会无意中错过一个最后期限或忘记过一项任务。

靠问为什么成为发明家的爱迪生

在铸造专家的名单中，大卫麦克兰闻名世界。他曾经因为问问题，而丢掉过20个工作。他被辞退的缘故多半是这样的。“在一个铸形中，我们做了50个铸物。但却有20个坏了，我详细地检验成品，并且将所有的日期都记载在纸上。每一次我们都是用的同样的铸形，同样的金属，一切进行手续也都相同。然而差不多总有一半的铸物是不好的。我冒险去和工头作对，也许是金属之中掺杂了什么别的元素，而使之起变化。

“好的铸物中的金属是和坏的铸物中的一样吗？”他问我。

“金属确实是一样的，却无法得到一样的结果。假使我们可以找出其原因来。就能够减少许多坏模型的浪费。”我回答着。

“工头立即辞退了我，因为我‘干涉’了他的工作。”

麦克兰这种好问的态度并不是他所问的事情错了。他始终坚持“问”，最后他获得了很大的成功。他最大的错处是找错了人，他找了一个不晓得回答也不想回答的人。

当你问问题却得到不幸的结果时，多半表示你问错了人。这种碰钉子并不是说你以后不应再问了，是你应当找别的方法去得出答案来。如果一定要问别人才能得到答案，就必须问一个确实知道答案的人。去纠缠那些不晓得答案的人是一件愚蠢的事，这不过是使他们不高兴而已。去问知道的人吧！

最好的方法，还是自己找出自己所要问的答案。无论什么问题，一旦想解决，绝不是拿着别人无知的话当作最后的决断。成功者未必能解决每一个问题，但是他们不会相信因为别人说不能解决，便以为真的不能解决。

爱迪生的一生，从小孩直到老死，没有停止问：“为什么？”他虽然没有将自己所问的问题都求出答案来，然而他所得出来的答案却多得惊人。例如，有天他在路上碰见一个朋友，看见他手指关节肿了。

“为什么会肿呢？”爱迪生问。

“我还不晓得原因。”

“为什么你不晓得？医生晓得吗？”

“每个医生说的都不同，不过多半的医生以为是痛风症。”

“什么是痛风症呢？”

“他们告诉我说这是尿酸积淤在骨节里。”

“既然如此，他们为什么不从你的骨节中取出尿酸来呢？”

“他们不晓得如何取。”病者回答。

这时的情形好像一块红布在一只斗牛面前摇晃一样。“为什么他们会不晓得如何取呢？”爱迪生生气地问着。

“因为尿酸是不能溶解的。”

“我不相信，”这位世界闻名的科学家回答着。

爱迪生回到实验室里，立刻开始试验看尿酸到底是否能溶解，他排好一列试管，每个管内部灌入1/4管不同的化学液体。每种液体中都放入数颗尿酸结晶。两天之后，他看见有两种液体中的尿酸结晶已经溶化了。于是，这位发明家有了新的发现问世，这个发现也很快地传播出去，现在这两种液体中的一种在医治痛风症中普遍受到采用。

重要的不是在于你能否得到答案，而是在于保持一种疑问的态度。组织美国羊毛公司的威廉·伍德说："得到真正教育的唯一方法便是发问。我们只学我们要学的，你之所以问一个问题便是因为你想晓得它的答案，因为你想要晓得，于是心里便记得。所以一个时时产生问号的头脑是一项很大的财产。"

危机在什么情况下才能变成转机

冷静下来，总有办法可想，许多人都是这样走过来的。做不好比不做更好。

拿破仑·希尔说，潜能是成功的“重磅炸弹”。这句话说得太妙了。潜能是一个人敢于挑战压力的保证。你的身上有多少潜能？这个问题的答案可能只有你知道。

人身处绝境或遇险的时候，往往会发挥出不同寻常的潜力。人没有了退路，就会产生一股爆发力。

人的潜能即指人的心理能量、大脑潜力。我们每个人都有巨大的潜能可以开发，一般人只使用了潜能的1/10，甚至还不到1/10。也许有人会说：“我已经做得很好了，何必再给自己施加压力呢？”

没有压力就没有动力，人类的进化被看作是生物进化与文化进化相互作用的结果，而且文化进化的历程越来越显示出人必须更自信主动。大脑越用越聪明，生活越求创新越有意义、越美好。

难道你要拒绝文化进化，拒绝开发你的潜能吗？你不想在人生的旅途中进行更令人惊奇的探险吗？可曾记得你在生活中有这样的一天：你学到了一些新知识或是出色地完成了一项工作任务，或是对你所关注的事物有了新的发现，脑海里闪现出灵感的火花、奇妙的构想……这一天你一定会感到非常愉快和幸福，心中仿佛有一支动听的歌曲反复地回响……

我们每个人或多或少都有过这样的经历。这样的时刻为什么如此让人开心？这是因为比平常更善用大脑所带来的乐趣。当然做到这一点会有些压力和困难，可是若没有这些压力和困难，人生又有什么乐趣可言？

当我们意识到自己在成长和进步的时候，我们的自信、喜悦和成就感，实质上就是一种由于拥有一定的压力之下所创造出来的“反射物”。

人的潜能一旦被挖掘出来，其力量是非常惊人的。在一次火灾中，一位上了年纪的妇女竟然能把一个大橡木柜子从三楼搬到楼下。

火灾后，三个强壮的男人费了九牛二虎之力才勉强把那个柜子抬回到三楼原先的位置。这时众人想请这位妇女再重来一次，她却怎么也搬不动了。

事情常常如此，人们在某种压力的驱使下，能使自己的体力和耐力达到正常情况下决不会出现的程度。一个神经错乱的人，当他发狂时，为什么会有正常情况下所不可能的体力呢？就是因为人的身体具有潜在的能量。

当你遇到不幸的打击时，压力可能会使你发现你身上具备的能力，这时它可以转化为成就大事的因素，不幸的压力也可以转化为成功者的动力。

“危机即转机”这句话一点也没错。压力也许沉重，但因置身于种种竞争之中，反使人们产生欲一较高低的心态，而推动自己前进。因此，善用压力，让它变为加速成功的催化剂吧！

每一位成功人士必不可少的四个阶段

人生最大的弱点就是常常过快地说出“不可能”。对于说这种话的人而言，最保险的方式也好像就是“不可行”。

阿尔伯特·爱因斯坦曾被问及他是如何发现“相对论”的。他的回答是：“我对一个不可辩驳的原理提出了质疑。”朋友们，请把“不可能”这个单词从你的脑海中抹去吧。如果你正面临着一座山峰，而别的人想说服你相信这座山峰是不可战胜的，那么你就开始制定一个计划，努力攀登，然后站在山巅向所有那些泼冷水的人证明：也许你们做不到，但有人能做到！

当别人对你选择的道路提出异议乃至斥责的时候，你必须坦然面对。输家常常会把怨气抛向赢家，因为消极与积极总是难以调和的。你在向成功奋进的过程中会经历四个阶段，这四个阶段非常具有典型意义，可以说，每一位成功人士都要经历。

第一阶段：你有了一个新想法，但在这个想法取得成功之前，你会受到许多“踏实派人士”的嘲笑。

第二阶段：你坚持不懈的努力终于修得了正果，取得了更大的成功。这时你会饱受误解与嫉妒的目光，人们不乐于看到你取得成功。

第三阶段：你的成功不断升级，而你也始终不渝地为实现目标而努力。这时，人们会害怕你，且这种害怕会变异成进攻。你会受到批评乃至攻击。如果你受到强烈的攻击，那么你一定不要放弃。因为这意味着你距离最终的突破口已经非常近了，你即将取得最后的成功。

第四阶段：如果你继续坚持下去，那么你就会实现梦想中的目标。你疯狂的、不可能的、不寻常的想法成功了！这时，所有那些曾经嘲笑你、嫉妒你、批评你的人会走过来拍着你的肩膀说："太棒了！我早就说过，你会成功的！你有朝一日会成为名人的！"

要实现任何目标的两个最重要原则

快速成长的过程，其实是快速达成目标的过程。

假设有一大块香喷喷的牛排在你面前，你根本无法一口吃下去，请问你会放弃吃它吗？

面对令人垂涎欲滴的牛排，当然谁都不会选择放弃。只要把它切成一小块、一小块，一次吃一小块，一会儿就能将大块牛排吃完。

你之所以实现不了目标，就是因为你不会吃牛排——将目标分割。

实际上，不论多大的牛排你都能吃完，只要分割得细，你在达成目标时也是一样的。

要实现任何目标，最重要的两个原则是：第一，目标一定要分割；第二，目标一定要有期限。

一旦你设定长期目标以后，立刻将它分割成中期目标、短期目标，立刻问自己：20年后要达成目标，10年后我必须要达成什么目标，5年后我要达成什么目标。每年要完成什么目标，每月必须完成什么目标。每周每天完成什么目标。

大目标分割成多个中目标，中目标分割成许多小目标，小目标又细分成更多细小且容易实现的简单目标。于是，实现目标成了简单任务。

简单目标当然容易实现，小目标既然实现了，中目标当然也能实现。中目标实现了，实现大目标也就不是很难的了。要实现任何目标都不是问题，问题是你分割了没有，分割得够不够细。

大目标的实现靠小目标的累积，大成就的达成是靠小成就的累积。成长就是把每一件小事做好。

成长是简单的，谁能说自己没在成长。

成长又是不容易的，每个人的成长质量不尽相同。

先从你成长中设定的短期目标开始做起，然后将它分割到每周、每日，然后全力以赴去完成它。每一天最重要的事就是完成你当天的目标，只要每天清晨起床时告诉自己“我今天最重要的事情就是完成今天的目标”，你会发现你就能轻而易举地达成成长中的一个又一个目标。不久，其产生的结果连你自己都会惊讶。

高尔夫运动员每次挥杆之前的心理预演

一位伟大的高尔夫运动员，在谈到自己如何在每一次挥杆之前运用心理预演时，这样解释说：

“首先，我会欣喜地‘看到’自己需要击打的高尔夫球，那个漂亮的白色小精灵静静地躺在翠绿的草地上。接着，场景快速转换，我高兴地‘看到’了小球在空中飞行的样子：它的路线、轨迹、外形，甚至它落地时的姿态。接下来，头脑中的场景逐渐消失，现实重回眼前。我坚信，接下来的一击，一定能够让头脑中的那幅场景变成现实。”

在心理上模拟将要执行的工作任务，以及对成功的达成结果的想象，极大地提高了运动员的成绩。同样，我们为了应对一项重要工作场景所进行的心理预演，也将大大提高我们将自己的工作做好的能量。

我们假设，你对自己即将面对的工作任务有一些恐惧和没有把握；通过公司的反馈调查，你又了解到了一些不利于自己达成的信息，自己就会有一些自卑的表现。这时，在内心预演自己做完工作的乐趣，对于自己做好工作来说至关重要。

研究人员发现，如果我们在执行任务的时候，事先在内心对理想结果进行过预演的话，那么，我们的额叶大脑皮层——大脑的一个部分——将被全面调动起来，极大地激发我们去积极的行动。心理预演越充分，任务执行情况就会越好。

每天来到公司后，我们不妨做以下这样的练习：

在一张小小的纸条上，写下我们做完工作的乐趣，并把它贴到座位的右上方。

“我打完了50通陌生拜访电话，他们都愉地和我畅谈工作中需要解决的问题，他们对我的产品很感兴趣！”

“我写完了5000字的年度总结，终于搬走了这块大石头！”

“把所有合作过的客户名单整理完，意味着我又新开发了至少100家客户！”

……

这样，每天上班之后和每天下班之前，你便会得到它的提醒，让自己再一次注意到自己的目标。

得到它们的提醒后，大脑便开始执行任务。从某种角度上讲，这一切都将自动完成。同时额外关注会对任务的执行有更大的帮助。通过这样的简单步骤，你在工作中期望快速圆满达成的信心和渴望就会被无限放大，其效果通常也会大大加强。

任何一件事，只要持续放映在脑海中，你就可能达到和拥有想要的模式。

成功的人时常想到成功的影像，失败的人时常想到失败的影像。

六则成功人士的个人奋斗历程

思路决定出路。你的成长思路的关键在于，寻找一条正确快捷的成长路径，然后脚踏实地地去走。

以下是从《成功一定有方法》一书中摘录下来的几则成功的个人成长路径。

案例一：由一名普通的中学老师，8年后成为年薪百万的“打工皇帝”。

成功路径：中学老师→辞职到深圳打工→成为一家知名企业的顶尖销售员→跳槽成为另一家大公司的销售员→销售主管→区域经理→销售部经理（率部门创下10亿元年销售业绩）→一家大公司销售公司总经理（被猎头公司推荐，年薪百万以上）。

案例二：从推销员，到与小布什同台演讲、合影留念。

成功路径：跨国公司直销员→钻石级以上的直销高手→作为演讲嘉宾被邀到美国参加年会→与小布什握手并合影留念（小布什亦被邀演讲）。

案例三：从两个人的合伙小公司，到有政府支持背景的实力机构。

成功路径：两人合伙小公司→团市委某活动机构的项目合伙

人（经朋友介绍）→有政府支持背景的实力机构（利用政府支持背景开发新项目并运作成功，实力日增）。

案例四：从普通的戏剧演员，到各大电视台常客。

成功路径：普通戏剧演员→国内吉尼斯纪录保持者（专攻一项绝技称“中华一绝”）→各大电视台常客（经常随领导人出访）。

案例五：从失业者，到大型外企高级职员。

成功路径：失业→快餐店钟点工→外企职员（自学考取大专文凭，因外形条件不佳等原因继续失业达一年半，经朋友介绍进外企工作）→外企主管（努力工作获上司赏识，上司高升，追随其一路晋升。上司被猎头公司高薪猎走，半年后上司将其推荐给另一大型外企担任主管）→公司高级主管。

案例六：从囚犯，到监狱嘉宾。

成功路径：死缓囚犯（80年代因贪污5万元被判）→减刑囚犯（狱中表现积极一再减刑）→罪犯自我改造专家（大量阅读、写作，撰写罪犯管理论文，受到重视，10年后出狱）→演说家（受司法部有关领导接见，并结识大量高层人士，到各地监狱巡回演讲现身说法，教导犯人如何改过自新、追求成功）→畅销书作家。

从以上案例不难看出一个个成功人士的成长历程。无论是从现在开始设计未来，还是按未来更新设计现在，我们都要为自己整理出一条清晰的发展思路和快捷而明确的个人成长路径。

思路决定出路。要寻找出路，就要先在大脑里理清思路。

人人都能成功的秘诀

明确的目标，就是成功的开始

明确的目标，加上积极的心，就是成功的开始。这就是你的成功锚。

记住，不论你是否愿意，世界都会改变。但是，你可以选择改变的方向。

罗勃特·克里斯多福有明确的目标和积极的心。

看过儒勒·凡尔纳的《环游世界八十天》之后，他想："80天环游世界！那么，我何不用80美金环游世界？只要有信心，任何目标都能实现。"

他拿出纸和笔，把所有可能遭遇的问题列出来，再把能够解决的部分做记号。

克里斯多福是摄影专家，拥有一部性能良好的相机。他做好计划，立刻付诸行动。

（1）和查尔斯·普立兹大药厂签约，替他们到他准备造访的国家采集土壤标本。

（2）考取国际驾照，并准备一套地图。

（3）搜集报纸上征船员的广告。

（4）取得纽约市警察局的良民证。

（5）取得青年旅馆会员证。

（6）接洽同意搭载他横渡大西洋的公司，条件是为该公司拍摄宣传用的照片。

这个26岁的年轻人，搭机飞离纽约，口袋里只有80美金。用80美金环游世界是他明确的主要目标。以下是他的一些经验。

（1）在旅馆餐厅吃早餐，他替对方拍摄厨房里的菜色，宾主尽欢。

（2）在爱尔兰买了4盒美国香烟，用掉美金4.8元。当时香烟在很多国家都可以当钱用，作为交易的媒介。

（3）从巴黎搭机飞到越南，送给机长一整盒香烟充当机票。

（4）送4包香烟给列车长，让他搭乘火车，从维也纳穿越阿尔卑斯山到瑞士。

（5）搭乘巴士到大马士革。他在叙利亚帮一名警察拍照，对方满意极了，于是命令巴士司机送他到目的地。

（6）为伊拉克快递公司的总裁及全体员工拍照，让他从巴格达搭便车到德黑兰。

（7）曼谷一家高级餐厅的主人请他吃饭，待他如上宾。因为他提供对方所需的资料：各地区的详细解说及地图。

（8）在船上担任水手，从日本搭船回到旧金山。

环游世界80天，不，罗勃特·克里斯多福花了84天。但是他完成目标，只用了80元美金。

热忱就是成功和成就的源泉

热忱是一种意识状态，能够鼓舞及激励一个人对手中的工作采取行动。而且不仅如此，它还具有感染性，不只对其他热心人士产生重大影响，所有和它有过接触的人也将受到影响。热忱和人类的关系，就好像是蒸汽和火车头的关系；它是行动的主要推动力。

人类最伟大的领袖就是那些知道怎样鼓舞他的追随者发挥热忱的人。热忱也是推销才能中最重要的因素。把热忱和你的工作混合在一起，那么，你的工作将不会显得辛苦或单调。热忱会使你的整个身体充满活力，使你只需在睡眠时间不到平时一半的情况下，工作量达到平时的2倍或3倍，而且不会觉得疲倦。

多年来，拿破仑·希尔的写作大都在晚上进行。有一天晚上，当拿破仑·希尔正专注地敲打打字机时，偶尔从书房窗户望出去——他的住处正好在纽约市大都会高塔广场的对面——看到了似乎是最怪异的月亮倒影，反射在大都会高塔上。那是一种银灰色的影子，是他从来没见过的。再仔细观察一遍，拿破仑·希尔发现，那是清晨太阳的倒影，而不是月亮的影子。原来已经天亮了。他工作了一整夜，但太专心于自己的工作，使得一夜仿佛只是1个小时，一眨眼就过去了。又继续工作了一天一夜，除了a期间停下来吃点清淡食物以外，未曾停下来休息。如果不是对手中工作充满热忱，而使身体获得了充分的精力，拿破仑·希尔不可能连续工作一天两夜，而丝毫不觉得疲倦。

“热忱”并不是一个空洞的名词；它是一种重要的力量，你可以予以利用，使自己获得好处。没有了它，你就像一个没有电的电池。热忱是一股伟大的力量，你可以利用它来补充你身体的精力，并发展出一种坚强的个性。有些人很幸运地天生即拥有热忱，其他人却必须十分努力才能获得。

发展热忱的过程十分简单。从事你最喜欢的工作，或提供你最喜欢的服务。如果你因情况特殊，目前无法从事你最喜欢的工作，那么，你也可以选择另一项十分有效的方法，那就是，把将来从事你最喜欢的这项工作，当作是你明确的目标。

每次拿破仑·希尔评估一个人的时候，总是考虑到他的才干和能力。但是，拿破仑·希尔相信考量这个人所深藏的热忱也是很重要的。因为如果你有热忱，几乎就所向无敌了。要是你没有能力，却有热忱，你还是可以使有才能的人聚集到你身边来。假如你没有资金或是设备，若你有热情说服别人，还是有人会回应你的梦想的。热忱就是成功和成就的泉源。你的意志力、追求成功的热忱越强，成功的几率就越大。

成功人士总结的梦想成真七部曲

所有伟大的事物都是从渺小开始的。

我想要——我将得到！

亨利·福特这位伟大的汽车王国的国王就曾是这样的人，他不断地确立一个个为人类造福的伟大目标。

例如，他曾经有这样一个目标：有朝一日要让每个美国人都拥有一辆自己的汽车。有一次他决定制造出一台8汽缸发动机，为此要首先有一种能把8个汽缸组合在一个框架内的机器。他手下的工程师都断言，要把8汽缸发动机组装成一个整体是根本不可能的事。但是，福特坚持着自己的目标。当手下的工程师一再声称这件事无法做到时，他以命令的口吻说道："你们不要再说了！你们去做这件事，直到找到解决方法为止。时间长一点没关系，就这样定了！"既然这些工程师是福特聘任的并且还想继续拿到每月的薪金支票，那老板说什么，他们就得做什么。6个月过去了，一点进展也没有，又过了6个月还是一无所获。工程师们尝试了每一种想到的方法，但无论怎样做都找不到解决方法。

"继续干下去！"福特坚决地说："我想要这种发动机，我就将得到这种发动机！"他不断地给技术人员鼓劲施压，使他们全身心投入到工作中。奇迹终于出现了：他们发现了这个谜底般的解决方法。

亨利·福特是一个成功人士，因为他深知成功的法则并加以运用。这其中一个法则就是绝不放弃自己的目标。亨利·福特给我们做了精彩的示范，他制定目标并朝着这个目标不懈努力，这不仅使他赚了许多金钱，而且还因此充实了自己的人生，使自己成为一个伟人。

早晨出去散步，总会发现一个令人深思的自然现象：高大的树木会第一个沐浴到阳光。冉冉升起的朝阳充满柔情地用阳光去爱抚那高耸的树冠，给它们披上一层金色的外衣，而下面那些树枝却依然笼罩在夜的阴影中。这第一缕阳光也总是首先洒向山之顶，然后才慢慢惠及山之谷。

你从中得到什么样的启示？做一个顶峰级人物吧！顶峰人物就是从一个顶峰走向另一个顶峰的人，他总是不断地给自己制定新的目标并通过努力使之得以实现，由此也使自己得到自尊。

梦想着你的梦想→渴望着实现这个梦想→坚信梦想将会实现→决定实现梦想的行动方式→鼓起勇气走出第一步→坚持不懈→最终你便会收获成功，使梦想成为现实。

做一个从顶峰迈向顶峰的人吧！一位顶峰级人士总会有着与众不同的见解，尤其是对于常人爱说的“不可能的事”。

食不果腹的青年画家如何成功转型为设计师

在一个人迈出人生第一步的时候，一定要有自己正确的目标和方向。

他整天饿着肚子，竭尽千般努力，吃尽万般苦头，梦想着有朝一日出人头地当“名画家”。

然而，经过数年努力，历经痛苦挣扎，仍然事与愿违，一张又一张呕心沥血创作的油画无人问津，还是个口袋空空的落魄艺术家。

这时，他才意识到，自己的想法和做法不切实际，必须换个前进方向，找到适合自己的生存方式，方能实现当名画家的理想。

他经过观察发现，德国一般的传统家庭，都很注重每天全家在一起的聚餐，并以此为亲情交流沟通的美好时光。

为了营造共进晚餐时的气氛，虽然食品简单得只是些面包、果酱和香肠，但场面绝对高贵典雅，最富特色的是这样的晚餐——铺上艺术餐巾纸，并根据不同的天气、当天幸运色以及不同的节日来挑选合适的艺术餐巾纸；若是品东方茶，就配上东方茶具和东方图案的餐巾纸；如果喝咖啡，则垫上印有巧克力豆的餐巾纸。

因此，在德国，10张一包的艺术餐巾纸的价格一般都在5欧元左右，而且销售行情很好。

这时，他有了自己的想法，决定改变自己艺术追求的方向。

他成立了自己的餐巾纸设计公司，将法国人的浪漫充分体现在自己的纸巾设计作品中，将德国人的严谨应用到他的企业管理工作中。

经过十几年的努力，终于从一个食不果腹的自由职业画家，成功地转型为一名设计师，尤其在艺术餐巾纸的设计和销售方面，更是名声远扬。

现在，他正在考虑如何实现多年来想当著名画家的梦想，还想建立一个属于自己的博物馆，将他设计的所有艺术餐巾纸陈列出来，供人参观、收藏。

在实现成功目标的努力中，很多时候，除了顽强斗志和不懈奋进外，更需要正确的方向。一味蛮干，只顾低头拉车，不知抬头看路，也许永远到不了自己的目的地。

有这么一则故事，比塞尔是西撒哈拉沙漠中的一颗明珠，每年有数以万计的旅游者来到这儿。可是在肯·莱文发现它之前，这里还是一个封闭落后的地方。这儿的人没有一个走出过大漠，据说不是他们不愿离开这块贫瘠的土地，而是尝试过很多次都没有走出去。

肯·莱文当然不相信这种说法。

他用手语向这儿的人问原因，结果每个人的回答都一样：从这儿无论向哪个方向走，最后都会转回出发的地方。为了证实这种说法，他做了一次试验，从比塞尔村向北走，结果三天半就走了出来。

比塞尔人为什么走不出来呢？

肯·莱文非常纳闷，最后他只得雇一个比塞尔人，让他带路，看看到底是为什么？

他们带了半个月的水，牵了两峰骆驼，肯·莱文收起指南针等现代设备跟在后面。

11天过去了，他们走了大约860英里的路程，第11天的早晨，他们果然又回到了比塞尔。

这一次肯·莱文终于明白了，比塞尔人之所以走不出沙漠，是因为他们根本就不认识北斗星。在一望无际的沙漠里，一个人如果凭着感觉往前走，他会走出许多大小不一的圆圈，最后的踪迹十有八九是一把卷尺的形状。

比塞尔村处在浩瀚的沙漠中央，方圆上千公里没有一点参照物，若不认识北斗星又没有指南针，想走出沙漠，确实是不可能的。

肯·莱文在离开比塞尔时，带了一位青年，就是上次和他合作的人。

他告诉这位青年，只要你白天休息，夜晚朝着北面那颗星走，就能走出沙漠。

青年照着去做，三天之后果然来到了大漠的边缘。

青年因此成为比塞尔的开拓者，今天，他的铜像被竖立在小城的中央。

铜像的底座上刻着一行字：新生活是从选定方向开始的。

到底是什么原因使人无法成功

许多人埋头苦干，却不知所为何来，到头来发现追求成功的阶梯搭错了边，却为时已晚。

我们务必掌握真正的目标，并拟定目标的过程，澄明思虑，凝聚继续向前的力量。

你是否有一个目标或目的?

你必须有一个，因为你难以达到你未曾有的目标，正像要你从一个从未到过的地方回来一样。

除非你有确实、固定、清楚的目标，否则你就不会察觉到内在最大的潜能，你永远只是“徘徊的普通人”中的一个，尽管你可以是个“有意义的特殊人物。”

一个没有目标的人就像一艘没有舵的船，永远漂流不定，只会到达失望、失败和丧气的海滩。

前美国财务顾问协会的总裁刘易斯·沃克曾接受一位记者访问有关稳健投资计划的基础。他们聊了一会儿后，记者问道：“到底是什么因素使人无法成功？”沃克回答：“模糊不清的目标”。

记者请沃克进一步解释，他说“我在几分钟前就问你‘你的目标是什么？’你说希望有一天可以拥有一栋山上的小屋，这就是一个模糊不清的目标，问题就在‘有一天’不够明确，因为不够明确，成功的机会也就不大。”

“如果你真的希望在山上买一间小屋，你必须先找出那座山，找出你想要的小屋现值，然后考虑通货膨胀，算出5年后这栋房子值多少钱；接着你必须决定，为了达到这个目标每个月要存多少钱。如果你真的这么做，你可能在不久的将来就会拥有一栋山上的小屋，但如果你只是说说，梦想就可能不会实现。梦想是愉快的，但没有配合实际行动计划的模糊梦想，只是妄想而已。”

有一位妻子叫他的丈夫到商店买火腿。他买完后妻子就问他为什么不叫肉贩把火腿末端切下来。

丈夫反问他太太为什么要把末端切下来。她说她母亲就是这么做的，这就是理由。

这时岳母正好来访，他们就问她为什么总是切下火腿的末端。母亲回答说她母亲也是这样。

然后母亲、女儿和女婿就决定拜访外祖母，来解决这个三代的神秘之谜，外祖母很快地回答说，她所以切下末端是因为当时的红烧烤炉太小，无法烤出整只火腿的缘故。现在外祖母有她行动的理由了，那你呢？

你做任何事都有你的理由吗？

在你的一生中，你有过“明确的目标吗”？

你的目标是具体、泛泛，还是长期、短期的呢？

拿破仑·希尔告诉我们：目标必须是长期的、特定的、具体化的、远大的。

一个穷小子如何用才华征服美国

40多年以前，一个流氓乘一辆货车到了弗罗城，开始了挨家挨户乞讨的生活。一个警察把他当成无赖逮捕了起来，法官判他在监狱中做30天的苦工。一连30天，他天天都要开山劈石，除了有少量的面包和水维持生计外，其余什么都没有。

但是6年后，这个流氓，这位以前的酒徒、恶棍，竟成了美国西部沿海最受欢迎的人，被誉为文学界一颗灿烂的明星。

他就是杰克·伦敦，《热爱生命》的作者。

杰克·伦敦在他短暂而漂泊的一生中，积累了无限丰富的人生经历：

他在海上做过水手；做过码头工人；做过牡蛎湾的海盗；他还当过金矿工人；他在北极地带猎过海豹；他飘荡了半个地球，不仅在美国被数十次送进监狱，还饱尝过墨西哥、中国、日本以及朝鲜等地的铁窗滋味。

19岁以前，杰克·伦敦从未进过中学，他把大部分的时间都花在偷盗等勾当上。只是有一天，当他漫不经心地走进图书馆内捧起《鲁滨孙漂流记》时，一个新的世界展现在他的面前……

从此，他开始如饥似渴地读书，每天都要读上10～15小时，从荷马到莎士比亚，从赫伯特·斯宾塞到莫泊桑等人的所有著作，他都不放过。当他19岁时，他立下了当一名作家的志向，决心为此不懈奋斗。于是，19岁的杰克·伦敦进了加州的一所中学。他学习十分刻苦，从来没有好好地睡上一觉。天道酬勤，他也因此有了显著的进步，只用了三个月的时间就把四年的课程念完了，通过考试后，他进入了加州大学。

他渴望成为一名伟大的作家，在这一雄心的驱使下，他一遍又一遍地读《金银岛》《基督山恩仇记》《双城记》等书，随后就拼命地写作。他每天写5000字，这也就是说，他可以用20天的时间完成一部中篇小说。他有时会一口气给编辑们寄去30篇小说，但它们统统都被退了回来。

此后，他一直在贫困中挣扎，帮饭店刷洗过盘子、擦洗过地板，也在码头、工厂里卖过苦力，但他始终没有放弃当一名作家的梦想。上天不负苦心人，1903年，他有6部长篇以及12篇短篇小说问世。他成了美国文艺界最为知名的人物之一。

一个穷小子终于以他耀眼的才华征服了整个美国。从杰克·伦敦的身上，我们不难看出其卓绝的才华是怎么产生的。

第一，是有强烈的愿望；

其二，是勤奋刻苦地求知；

其三，是锲而不舍的执着追求。

在上述“造就”才华的三个条件中，愿望占着首要的位置，它是才华的源头，人的才华无不从这个伟大的源头汩汩涌出。

只有怀抱强烈的愿望，才能将人内在的才华激发出来，使这才华得以服务于社会，造福人类。

并不是有了愿望就能催生才华，才华往往要有深厚的知识为基础，因而，勤奋苦学是获得才华不可或缺的重要一环。

丘吉尔首相的三个成功秘诀

丘吉尔在一次“成功秘诀”讲座演讲时说：“我的成功秘诀有三个：第一是，绝不放弃；第二是，绝不、绝不放弃；第三是，绝不、绝不、绝不能放弃！”

只有那些意志坚强遇到困难绝不轻言放弃的人，才有可能获得成功。

著名的南非黑人领袖曼德拉就是一位绝不轻言放弃的人。他的成功就是因为他有着超人的意志和毅力。

曼德拉出身于滕希人王族。他的父亲是滕希人大酋长的首席顾问，按照他父亲和大酋长的意愿，是要把他培养成酋长。

在他22岁时，他认识到自己要被培养为酋长，而他却已下定决心决不做统治压迫民族的事。他逃跑了，他以此来拒绝将来担任酋长。他梦想成为一名律师。

黑人严峻的生活环境和被曼德拉称为“疯狂的政策”的种族隔离，使曼德拉开始了一生为黑人解放而进行的斗争。

曼德拉参与“青年联想”，领导全国反蔑视运动，组织黑人对白人的斗争。

后来他以莫须有的“叛国罪”被判为终身监禁。

面对监禁，他说："在监狱中受煎熬与监狱外相比算不了什么。我们的人民正在监狱外受难，但是光受难还不够，我们必须斗争。"

他没有妥协，没有退缩，在狱中坚持斗争。

他拒绝南非当局提出的释放条件——只要放弃斗争就给他自由，他说："我的自由同南非人的自由在一起。"

曼德拉，被南非当局监禁28年，但他对理想的追求矢志不移。

曼德拉的理想是崇高的，实现这个理想更是困难重重，然而，曼德拉经历了那么多的折磨和苦难，丝毫没有动摇他的信念。

他这种不达目的绝不放弃的决心与意志，帮助他战胜了敌人，也战胜了自己。

"永不放弃"不是目的，成功才是最终目的。

每次失败都必须检讨、总结、改正、调整，只有这样才能使失败成为前进的阶梯。成功的过程，就是不断克服失败的过程。失败不是来阻挡我们的，而是来帮助我们的，失败会告诉我们怎样做才能更快成功。

人的理想一旦确立，就应该全力去拼搏，这是一个人生的选择，人的一生就是为此而存在，不要轻言放弃。

绝不轻言放弃，是对人意志的考验，而人的意志之所以能够坚持，是因为自己的理想是有价值的，有意义的，是崇高而伟大的；自己的理想是建立在科学基础上的，是可以实现的；自己的理想可以体现自己的人生价值，可以充分发挥自己的潜能。

正是这些原因使人能够产生顽强的意志力量，战胜各种各样的困难，直到胜利。

记住，只要选择了自己的理想，就不要轻言放弃。

20岁出头的洛克菲勒怎样做生意

要想创立一番事业，必须学会等待机会，耐心等待是制胜的前提。

在美国宾夕法尼亚州发现石油以后，成千上万人像当初采金热潮一样拥向采油区。一时间，宾夕法尼亚土地上井架林立，原油产量飞速上升。

克利夫兰的商人们对这一新行当也怦然心动，他们推选年轻有为的经纪商洛克菲勒去宾州原油产地亲自调查一下，以便获得直接而可靠的信息。

经过几日的长途跋涉，洛克菲勒来到产油地，眼前的一切令他触目惊心：到处是高耸的井架、凌乱简陋的小木屋、怪模怪样的挖井设备和储油罐，一片乌烟瘴气，混乱不堪。这种状况令洛克菲勒多少有些沮丧，透过表面的繁荣景象，他看到了盲目开采背后潜藏的危机。

冷静的洛克菲勒没有急于回去向克利夫兰的商界汇报调查结果，而是在产油地的美利坚饭店住了下来，进一步做实地考察。他每天都看报纸上的市场行情，静静地倾听焦躁而又喋喋不休的石油商人的叙述，认真地做详细的笔记。而他自己则惜字如金，绝不透露什么想法。

经过一段时间的考察，他回到了克利夫兰。他建议商人不要在原油生产上投资，因为那里的油井已有72座，日产油135桶，而石油需求有限，油市的行情必定下跌，这是盲目开采的必然结果。

果然，不出洛克菲勒所料，“打先锋的赚不到钱。”由于疯狂地钻油，导致油价一跌再跌，每桶原油从当初的20美元暴跌到10美元。那些钻油先锋一个个败下阵来。

3年后，原油一再暴跌之时，洛克菲勒却认为投资石油的时候到了，这大大出乎一般人的意料。他与克拉克共同投资40万美元，与一个在炼油厂工作的英国人安德鲁斯合伙开设了一家炼油厂。安德鲁斯采用一种新技术提炼煤油，使安德鲁斯·克拉克公司迅速发展。

这时，洛克菲勒尽管才20岁出头，做生意已颇为老练。他欣赏那些得冠军的马拉松选手的策略，即让别人打头阵，瞅准时机给他一个出其不意，后来居上才最明智。他在耐心等待、冷静观察一段时间后，决定放手大干了。

全美商业巨子约翰·甘布士给青年人的公开信

不放弃任何一个哪怕只有1%可能的机会。

那些自以为是的家伙们对此可能不屑一顾，其理由是：第一，希望微小的机会，实现的可能性不大；第二，如果去追求只有1%的机会，倒不如买一张奖券碰碰运气；第三，根据以上两点，只有傻瓜才会相信1%的机会。

约翰·甘布士不是这样看的，他相信那1%的机会，并且善于抓住这种机会，因而能走出逆境，取得成功。

有一次，约翰·甘布士所在地区经济陷入萧条，不少工厂和商店纷纷倒闭，被迫贱价抛售自己堆积如山的存货，价钱低到1美金可以买到100双袜子了。

那时，约翰·甘布士还是一家织造厂的小技师。他马上把自己积蓄的钱用于收购低价货物，人们见到他这股傻劲，都公然嘲笑他是个蠢材。

约翰·甘布士对别人的嘲笑漠然置之，依旧收购各工厂抛售的货物，并租了一个很大的货仓来储货。

他妻子劝他，不要把这些别人廉价抛售的东西购入，因为他们历年积蓄下来的钱数量有限，而且是准备用作子女未来的教育经费的。如果此举血本无归，那么后果便不堪设想。对于妻子忧心忡忡的劝告，甘布士笑过后又安慰道："3个月以后，我们就可以靠这些廉价货物发大财。"

甘布士的话似乎兑现不了。过了10多天后，那些工厂贱价抛售也找不到买主了，便把所有存货用货车运走烧掉，以此稳定市场上的物价。

太太看到别人已经在焚烧货物，不由得焦急万分，抱怨起甘布士来。对于妻子的抱怨，甘布士一言不发。

终于，为了防止经济形势恶化，美国政府采取了紧急行动，稳定了甘布士所在地的物价，并且大力支持那里的厂商复业。这时，当地因为焚烧的货物过多，存货欠缺，物价一天天飞涨。约翰·甘布士马上把自己库存的大量货物抛售出去，一来赚了一大笔钱，二来使市场物价得以稳定，不致暴涨不断。在他决定抛售货物时，他妻子又劝告他暂时不忙把货物出售，因为物价还在一天一天飞涨。

他平静地说："是抛售的时候了，再拖延一段时间，就会后悔莫及。"

果然，甘布士的存货刚刚售完，物价便跌了下来。他的妻子对他的远见钦佩不已。后来，甘布士用这笔赚来的钱，开设了5家百货商店，业务十分发达。再后来，甘布士成为了全美举足轻重的商业巨子。他在一封给青年人的公开信中诚恳地说道："亲爱的朋友，我认为你们应该重视那1%的机会，因为它将给你带来意想不到的成功。有人说，这种做法是傻子行径，比买奖券的希望还渺茫。这种观点是有失偏颇的，因为开奖券是由别人主持，丝毫不由你主观努力；但这种1%的机会，却完全是靠你自己的主观努力去完成。”

茫茫世界风云变幻，漫漫人生沉浮不定，而未来的风景却隐在迷雾中，向那里进发，有坎坷的山路，也有阴晦的沼泽，深一脚浅一脚，虽然有危险，但这却是在有限的人生中通往成功与幸福的捷径。你的才华、你的能力，只有通过冒险，通过克服一道道难关，才能锻炼和展现出来。

全世界富人和穷人的最大差别

富人和穷人最大的差别，就在于二十四小时当中，他们做了不一样的事情。

在同行业里找一个学习的榜样，这个榜样最好是世界级的。你只有在世界级顶尖人物所在的环境中，同最顶尖的人学习，才有办法让你更快地突破。

只有跟第一名学习，才能使你成为第一名，第二名只能分享他第二名的经验给你。

在学习成功的榜样时，一定要让自己进入成功的环境当中，跟着成功者学习。

借助他们成功的经验，实践在自己身上，故而能在非常短的时间内产生非常大的效应。

如果你跟成功者在一起，因为他们非常热情，非常具有行动力，同他们在一起时，你不行动都不行，你不热情都不行。

通常说来，一个人要成功，一般要经过三个步骤：

第一步是帮助成功者工作。每一个成功的人最初都是跟着成功的人学习，帮助成功的人工作。通过帮助成功者工作，他开始学习、摸索一套快速成功的有效方法，然后自己才能成功。因为如果仅靠他自己去学习、去摸索或者不去帮成功者工作，他成长的速度会很慢，这不是最好的学习方法。

第二步是与成功者合作。强强联合才会更强，若与弱者合作只会使自己变得更弱。成功的人喜欢和成功的人合作，因为只有这样才能更快成功。

第三步是找成功者帮你工作。世界首富比尔·盖茨就觉得微软的成功主要归功于汇聚英才，并让这些英才们一直努力、努力、再努力。

一般人无法成功是因为他连帮成功者工作的态度都没有，他总是想要自己发明，自己创造一套。

事实上，当你还没有自己成功的模式之前，你发明出来的方法，效果都是有限的，我们需要运用一套非常有效的成功方法来使自己快速成长。

在最短的时间内创造最大绩效，然后加以创新、改革，才能创造出一套我们自己的风格。

先是模仿，然后是创新，只有这样，你才能在市场立足，才能在最短时间内达到理想的目标。

钢铁大王安德鲁·卡耐基经常模仿洛克菲勒、摩根和其他金融巨子，留意他们的一举一动，研究他们的信念，模仿他们的做法和行为，终于使他成为世界级富豪。

花点时间和金钱读一读名人传记，看一看专家教授的讲解光盘，上一些行业顶尖人士的培训课程。

多吸收和总结一些行业中最顶尖人士的经验教训，多借鉴性地复制、模仿、大胆创新，毕竟我们生活的是一个变化与危机同在的世界。

为什么同一桩生意有人失败也有人成功

风险等于危险。每一次商业交易，就是一次智能的较量。聪明商人从不给坏商人机会，他们往往要事先了解对方的实力与信誉，同时很清楚自己的实力与可能会面临的风险。他们的胆识与冒险是建立在可靠的信息基础上的；他们这样理智的决策通常会避免较大的过失。

有个农夫，庄稼种得好，生活过得很惬意。村子里的人都夸他聪明，并有人断言只要他愿意做生意，肯定能发大财。

农夫的心就开始痒痒了，便和妻子商量要做生意。妻子是个明白人，知道他不是做生意的料，就劝他打消这个念头。

但农夫主意已定，妻子怎么说都不行。见劝说无用，妻子就说，做生意总得有本钱吧，你明天就把家中的一只山羊和一头毛驴牵进城去卖了吧。妻子说完就回娘家了，找来3个人，对他们如此这般地叮嘱了一番。

第二天，农夫兴冲冲地上路了。他妻子找来帮忙的人偷偷地跟在他身后。

农夫贪睡，第一个人趁农夫骑在驴背上打盹之际，把山羊脖子上的铃铛解下来系在驴尾巴上，把山羊牵走了。

不久，农夫一回头，发现山羊不见了，忙着寻找。这时，第二个人走过来，热心地问他找什么。

农夫说山羊被人偷走了，问他看见没有。第二个人随便一指，说看见一个人牵着一只山羊从林子中刚走过去，准是那个人，快去追吧。

农夫急着去追山羊，把驴子交给这位“好心人”看管。等他两手空空地回来时，驴子与“好心人”自然都没了踪影。

农夫伤心极了，一边走一边哭。当他来到一个水池边时，却发现一个人坐在水池边，哭得比他还伤心。

农夫挺奇怪：还有比我更倒霉的人吗？就问那个人哭什么。

那人告诉农夫，他带着一袋金币去城里买东西，走到水边歇歇脚，洗把脸，却不小心把袋子掉进水里了。农夫说：“那你赶快下去捞呀。”那人说自己不会游泳，如果农夫帮他捞上来，愿意送给他20个金币。

农夫一听喜出望外，心想：这下子可好了，羊和驴子虽然丢了，可能到手20个金币，损失全补回来了，还有富余啊。他连忙脱光衣服跳下水捞起来。当他空着手从水里爬上岸，他的衣服、干粮都不见了，仅剩下的一点钱还在衣服口袋里装着呢。

农夫回到家，惊奇地发现山羊和毛驴竟然还在家中，他的妻子说：“没出事时麻痹大意，出现意外后惊慌失措，造成损失后急于弥补。你连这些基本的风险都预料不到，又怎么能在商海里征战呢，还是老老实实地在家中种地吧！”

农夫的妻子说得对。对于自己不熟悉的领域，如果没有足够的本领与能力，就不要轻易涉足；否则，除去失败，没有第二个结局。为什么同一桩生意有人失败也有人成功？原因就在于这里。

风险等于危险。只有在掌握了对手所有的资料后，经过分析确证，通过双方实力对比，以及对所有可能存在的漏洞的把握后，交易才能完成。如果对方试图设下圈套，聪明商人会步步紧逼，消除一切隐患，不给对方制造麻烦的机会。

你的名字要胜过一支军队

约翰·亚当斯是美国历史上的第二位总统，为美国的独立立下过汗马功劳。

亚当斯在接替华盛顿就任总统时，美国正面临着与法国关系破裂的危险。

到了1797年年底，两国处于剑拔弩张、一触即发的交战前夕。常识告诉亚当斯，要打胜仗，必须要有得力的统帅指挥。有很多人劝他亲自统率军队，但他认为自己并不具有军事上的特别才能。思来想去，他认为华盛顿才是唯一能够唤起美国军魂、团结全美人民的统帅。

最后，他下定决心请华盛顿出山。亚当斯的亲信们得知后，一致表示反对。他们认为，如果华盛顿复出，会再次唤起人民对他的崇敬和留恋，这样势必对亚当斯的威望和地位造成威胁。千军易得，一帅难求。亚当斯毫不动摇，认为国家的利益和命运高于一切。他授权汉尼尔顿立即给华盛顿写了一封信，请求华盛顿再次担当大陆军总司令，指挥美军打败入侵者。

与此同时，又亲自给华盛顿写了封信。信中诚恳地写道："当我万不得已要组织一支军队时，我就把握不准到底是该起用老一辈将领，还是起用一批新人，为此我不得不随时向你求教。如果你允许，我们必须借用你的大名去动员民众，因为你的名字要胜过一支军队。”华盛顿接到信后很受感动，表示愿意立刻肩负重任。

幸运的是，就在华盛顿准备率军出征的前夕，亚当斯终于通过外交斡旋的途径同法国达成了和解。

这件事被美国人民传为佳话，亚当斯的正直与豁达也被广为传诵。

后来，有位著名的记者采访他，问道：“您为什么不怕华盛顿复出会再次唤起人民对他的崇敬和留恋，进而威胁您的威望和地位？为什么敢于起用比自己更优秀的人？”

亚当斯开始没有直接回答，而是给这位著名记者讲了自己少年时的一件往事。

“年幼的时候，父亲要我学拉丁文。那玩意儿真无聊，我恨得牙痒痒。因此，我对父亲说，我不喜欢拉丁文，能不能换个事情做？”

“好啊！约翰，”父亲说，“你去挖水沟好啦，牧场需要一条灌溉渠道。”

于是，亚当斯真的到牧场去挖水沟。可是，拿惯笔的人，拿不惯锹。那天晚上，他就后悔了，整个身子疲惫不堪。只是他的傲气不减，不愿意认错。于是，他咬紧牙关又挖了一天。

傍晚时，他只好承认：“疲惫压倒了我的傲气。”他终于回到了学拉丁文的课堂上。

在以后的岁月里，亚当斯一直记着从挖水沟这件事中得到的教训：必须承认人有所长，也有所短；人有所能，也有所不能。认为自己样样都行，实际上恰恰是不自量力。

正是因为亚当斯知人善任，才能凭借众多的优秀人才，特别是凭借那些比自己更优秀的人才，一步一步地攀登上了成功的巅峰。

比海洋更广阔的是天空，比天空更广阔的是人的胸怀。一个人，没有恢弘的气度，没有用人唯才的胆识，注定成不了大器！

一个潦倒的销售员蜕变成百万富翁的心得

每个人都有一定的安全区，你想跨越自己目前的成就，就不要划地自限。只有勇于接受挑战充实自我，你才会超越自己，发展得比想象中更好。

有个生活非常潦倒的销售员，每天都埋怨自己“怀才不遇”，命运在捉弄他。圣诞节前夕，家家户户张灯结彩，充满佳节的热闹气氛。他坐在公园的一张椅子上，开始回顾往事。去年的今天，他孤单一人，以酗酒度过了他的圣诞节，没有新衣，也没有新鞋子，更甭谈新车子、新屋子了。

“唉！今年我又要穿着这双旧鞋子度过圣诞了！”说着准备脱掉穿着的旧鞋子。

这个时候，他看见一个年轻人自己滑着轮椅走过，他立即顿悟了：

“我有鞋子穿是多么幸福！他连穿鞋子的机会都没有啊！”

经过这次顿悟，这位推销员蜕掉了自己萎靡不振的一层皮，从此脱胎换骨，发奋图强，力争上游。不久，他就因为销售成绩显著而多次得到加薪。最后，他又开办了自己的销售公司，并最终成为了一名百万富翁。

面对挫折，面对沮丧，我们需要坚持。看不见光明、希望，却仍然孤独、坚韧地奋斗着，这才是成功者的素质。只有这样，我们才能超越自己，成就自己。

爱迪生研究电灯时，工作难度出乎意料的大，1600种材料被他制作成各种形状，用做灯丝，效果都不理想，要么寿命太短，要么成本太高，要么太脆弱，工人难以把它装进灯泡。全世界都在等待他的成果。半年后人们失去耐心了，纽约《先驱报》说："爱迪生的失败现在已经完全被证实了，这个感情冲动的家伙从去年秋天就开始电灯研究，他以为这是一个完全新颖的问题，他自信已经获得别人没有想到的用电发光的办法。可是，纽约的著名电学家们都相信，爱迪生的路走错了。"爱迪生不为所动，继续着自己的实验。英国皇家邮政部的电机师普利斯在公开演讲中质疑爱迪生，他认为把电流分到千家万户、还用电表来计量，是一种幻想。爱迪生继续摸索。人们还在用煤气灯照明，煤气公司竭力说服人们：爱迪生是个吹牛不上税的大骗子。就连很多正统的科学家都认为他在想入非非，有人说："不管爱迪生有多少电灯，只要有一只寿命超过20分钟，我情愿付100美元，有多少买多少。"有人说："这样的灯，即使弄出来，我们也点不起。"他毫不动摇。在进行这项研究一年之后，他终于造出了能够持续照明45小时的电灯，完成了对自己的超越。

经过自己的坚持和努力，爱迪生不但促完了自己的蜕变，牢牢树立了自己在世人心目中伟大的发明家地位，而且促成了人类生活方式的一次大变迁。正是因为有了他的这项发明，人类才真正进入了电气时代。

对自己或对工作不满的人，首先要把自己想象成理想中的自己，并且拥有极好的工作机会。再假定现在的自己和工作就和想象中的一样，再采取行动。如果耐心地进行这种自我改造，就能发挥个性中本就具有的强大的精神力量，使自己和工作完全按照理想的样子发生改变，从而取得成功。

管用又容易被忽视的一种帮助来源

哈特瑞尔是一位水准很高的演说家，他曾经说当他还是东德克萨斯州的一个小孩时，有次跟两位朋友在一段废弃的铁轨上走，其中一位朋友身材普通，另一则是个胖子。

孩子们互相竞赛，看谁在铁轨上走得最远，哈特瑞尔跟较瘦的朋友只走了几步就跌下来。较胖的男孩却走得很远。

最后在极大好奇心的驱使下他想知道其中的秘诀。那位肥胖的朋友指出哈特瑞尔跟他的朋友上铁轨时只看着自己的脚所以跌下来了。

然后他解释说他因为太胖以至看不到自己的脚，只能选择铁轨上远处的一个目标（一个长期目标），并朝目标走。

接近目标时，他又选了另一个目标（你能尽量走到你所看见的那么远的地方，当你到达那里，你能否看得更远）然后又走向新目标。

胖男孩带着哲学味地指出，如果你只向下看自己的脚，你所看见到的只是铁锈和发出异味的植物而已。另外，当你看到铁轨上某一段距离的目标时，就能真正地看到目标完成了。

除此以外，如果哈特瑞尔跟他的朋友分别在两条铁轨上手牵着手一起行走，他们便可以不停地走下去而不会跌倒。这就是合作的可贵。

就像乔治马修·阿丹所说的“帮助别人往上爬的人，会爬得最高”。

如果你帮助其他人获得他们需要的事物，你也能因此得到想要的事物，而且帮助得越多，得到的也越多。

加拿大雁在本能上十分知道合作的价值。毫无疑问，你经常会注意到它们以V字形飞行，而且V字形的一边比另一边长些。V字形的一边比另一边长的理由是因为有较多的雁。

这些雁定期变换领导者，因为为首的雁在前头开路，能帮助它左右两边的雁造成局部的真空。科学家曾在风洞试验中发现，成群的雁以V字形飞行比一只雁单独飞行能多飞12%的距离。人类也是一样，只要能跟同伴合作，而不是彼此争斗的话往往能飞得更高、更远，而且更快。

最好的一种帮助来源（不幸也是最容易被人忽略的）就是家庭，特别是配偶。

如果妻子或丈夫并肩工作，而不是仅仅随便应付，你就能更快、更轻易地达成目标，而且会在达成目标的过程中获得更多的乐趣。

如果你的配偶在开始时未能分享你的热忱，你也不必太吃惊或失望。

把你的主意好好地推销给对方，让你的配偶知道能拥有他或她的合作与兴趣是多么重要的事情，而且在这种过程中你们两人都将大有收获。

这种紧密的结合与共同的兴趣极端重要，因为这将使你建立起比较有意义的关系。那本身也是一个美丽的目标。

我成功了！因为我比任何人都努力

全世界最伟大的篮球运动员迈克尔·乔丹在率领公牛队获得两次三连冠后，毅然决定退出篮坛，因为他已经得到世界上篮球运动史上最多的个人光荣纪录与团队纪录，甚至可以说是20世纪最伟大的体坛运动员。

在发表退役感言时，迈克尔·乔丹说：“我成功了！因为我比任何人都努力。”

乔丹不只比任何人都努力，在他已经是最顶尖的时候，他还比以前更努力，不断地突破自己的极限与纪录。

在公牛队练球的时候，他的练习时间比任何人都长，据说他除了睡觉时间之外，一天只休息两个小时，剩下的时间全部用于练球。

有的篮球运动员经常在罚球的时候投不进球，如果他一天也像乔丹一样只休息两个小时，其余时间全部站在罚球线练球增加自己的准度，这样持续一年下来，他罚球的能力定会提高。

在美国，有一个卖汽车的业务员总是在他们公司销售成绩排名第一，有人问他：“你为什么总是第一名？”他回答说：“因为我每个月都设法比第二名多卖一台车子。”这么简单的一个方法、这样简单的一句回答告诉了我们一个简单的成功道理——永远比第一名还要更努力。

是的，“努力”这两个字听起来好像令你不很愿意去做，但是不能回避这两个字，因为成功的确需要努力。

看看这个世界上的成功人士，他们努不努力？世界首富比尔·盖茨工作努不努力？与他工作的人说他简直是工作狂。

成功不需要努力的想法，要尽早放弃。请你努力做一切能帮你成功的事！努力找寻成功的方法，努力阅读与学习资讯，努力采取行动！你要比你的竞争对手还努力，比任何人都努力，比第一名还努力，你就一定会成功！